高维度思考法

职场问题解决篇

[日] 细谷功 / 著
孙伟 / 译

江西人民出版社

前 言

本书的主题是"元思维"。

对于"元"这个词，可能很多人并不太熟悉。从字面意义上来讲，它是指从更高的视点来客观地看待身边的事物。

例如人们常说，"必须从另一个自己的视角出发，客观地审视自己"。这种以旁观者的角度重新审视自己的做法也被称为"元认知"。元认知可以帮助我们拓宽视野，客观地认识自己（如下页图所示）。

本书想传递给读者以下信息：对各种事物，都应该以更高的视点去认识和思考。那么，为什么需要元思维，即"从更高水平进行思考"呢？主要有三个原因。

图 0-1　元认知与洞察力的示意图

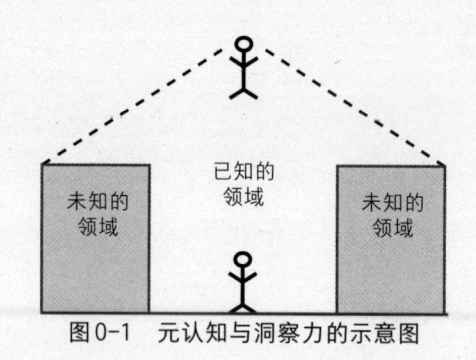

首先，元思维能带来有助于我们成长的"洞察力"。

特别是对知识方面的进步来说，"洞察力"的重要性无论如何强调都不为过。认识到自己的知识有限，认识到还有很多自己不了解的领域，这是增长知识的第一步。相反，对没有洞察力的人，无论如何教育，即使重复几百遍，也都只是"浪费时间"。

对孩子们来说也一样，"知道哪些问题自己不知道"的孩子学习进步更快。推动他们进步的关键正是"洞察力"，也就是"元"视点。

其次，元思维可以帮助我们摆脱成见或思维定式。

坚信"自己（的想法）肯定是对的"，对自己毫不怀疑，这便是"固执己见"。这一点也与前文提到的"洞察力"有关，为了开阔视野，获得更大进步，我们应该随时抱着"自己或许是错的"的观点，不断怀疑和审视自己的价值观。

"思维定式"可以说是存在于我们潜意识中的"狭隘的视野"，或者说是"思考的盲点"。从更高的视点客观审视自己，便可以发现自己视野之狭隘。而"视野狭隘"最大的危害，就是无法洞察到自己视野的狭隘。

此外，元思维的第三个特点是凭借前面的洞察力和开阔视野，可以帮助我们形成创造性思维。

本书介绍了如何通过追问"为什么"上升到元视点，探索新的方法，还介绍了如何借助类推思维，即通过抽象化上升到元视点，通过"向其他领域借用"的方式获得崭新的创意。本书还特别探讨了如何在商业领域有效运用元思维。

图 0-2　未能实现元认知的示意图

以下几类人，往往最不擅长元思维（上图为未能实现元认知的状态的示意图）。

- 凭感情行事的人
- 过于固执己见（而不自知）的人
- 总是追求具体细节、要求做到简单易懂的人
- （毫无根据地）满怀自信的人
- 常认为"自己（所处的环境）与众不同"的人

……

这些人经常处于前文所说的未能实现元认知的状态。不过他们的行动力往往很强，也有很多人凭借行动力取得了不错的业绩，并且地位也比较高，这就更容易导致他们坚信自己是对的。一旦陷入这种状态，便不太可能指望他们用元思维去思考问题了。

而且遗憾的是，这类人是绝对不会阅读本书的。因为既然他们最大的问题就是"没有洞察力"，他们当然不会意识到自己的视野是多么狭隘了。

反过来说，正在阅读本书的读者们就是拥有洞察力，或者已经意识到"还有很多问题自己不了解"的人。只要具有这种意识，接下来就只剩下"该如何做"的问题了。

本书正是为了满足这些需求而写的。本书的目标读者包括所有希望摆脱固有观念和狭隘视野，希望不受毫无意义的

常识、习惯和先例的束缚，希望自由地探索和构建理想社会的人。

本书配备了大量例题来帮助读者训练元思维。例如：

- 上司要求"调查无人机的情况汇报上来"，接下来应该怎么做？
- 除了回转寿司以外，还有哪些"回转〇〇"？
- 传统咖啡厅面临着哪些竞争？
- 信号灯和特快列车停车站的共同点是什么？
- "财务工作"和"体育竞赛裁判"这两种工作的共同点是什么？
- 复印机和电梯的共同点是什么？
- 出租车和土特产商店的共同点是什么？

本书旨在通过类似练习，帮助读者通过反复思考，将元思维落实到实践层面。因此，请在阅读的同时思考问题，然后将自己的答案与题后的解说进行对照，最后再通过应用题加以巩固。

希望大家能在由于"不知道自己的无知"而陷入思维僵

化之前停下脚步,从更高的视点重新思考,而获得新的发现和成长的机会。为此,本书提供了三种训练工具。

首先,为了摆脱思维僵化,拥有旁观者的角度,需要检查和确认自己思维僵化的程度,领会什么是"上升到元视点"。

其次,通过对方法论和例题的学习,掌握如何在日常生活中通过追问"为什么"来主动扩宽思维。

第三,为了形成更具创造性的思维,本书通过类推思维的例题,帮助读者明白,创造性思维并非直觉敏锐的人所独有,而是所有人都能在某种程度上再现的技能。

本书的所有例题都并非只有唯一的"正确答案"。解说部分介绍了解题的思路,所以读者可以在此基础上考虑是否还有更好的答案。这样才能确保我们的大脑总是处于高速运转的思考状态。

通过上述训练,如果读者能用不同于以往的眼光来认识世界,并在日常生活中加以应用,那么本书的目的就实现了。

目录

前言 1

第1章 热身篇 1
你是"以自我为中心"的人吗 3
寻找身边的"自相矛盾" 5
"元视点"的应用训练 8
如何做到"自知无知" 9
用元视点思考 11
元思维的两个方法 13

第 2 章　Why 型思维训练　　　　　　　　15
"为什么"的独到之处　　　　　　　　　　17

基础篇

寻找"上层目的"　　　　　　　　　　　　20
思考上层目的的两个意义　　　　　　　　22
如何"改变战场"　　　　　　　　　　　　24
Why 从两个角度"超越时间"　　　　　　　24
只有 Why 可以表示"关系"　　　　　　　 26
只有 Why 可以反复使用　　　　　　　　　27
Why 型思维与 What 型思维　　　　　　　 28

实践篇

照单全收之前先"推敲"　　　　　　　　29
别把方法当作目的　　　　　　　　　　　48
练习"改变战场"　　　　　　　　　　　　53
真正的竞争对手在哪里　　　　　　　　　55

第 3 章　类推思维训练　　　　　　　　　61
什么是类推　　　　　　　　　　　　　　63
类推是"抽象化"+"具体化"　　　　　　65
类推的重要性　　　　　　　　　　　　　66
类推的"缺点"　　　　　　　　　　　　　68
类推思维需要"意译"　　　　　　　　　　70
类推和猜谜　　　　　　　　　　　　　　74

类推思维的两种模式	77
根据"回转寿司"进行类推	79
寻找"关系的类似"	84
寻找"结构的类似"	86
抽象化训练1	88
抽象化训练2	91
向"自助餐"借鉴	93
进一步借鉴"自助餐"	97
对折法则	98
跟团旅行与自由行的差别	100
向生物借鉴	102
借鉴"顺序"或"流程"	105
"以人为镜"进行类推	109
"职业谜语"与类推思维	112

第4章　工作中的类推思维　117

报纸和百科全书的共同点是什么	120
复印机和电梯的共同点是什么	122
出租车和土特产商店的共同点是什么	125
遥控器和数码相机的共同点是什么	127
"打破常识"的类推思维	130
连接不同行业的类推思维	132
"按需匹配"之后	137
"个性化预约"之后	140

"细分化"之后	141
根据"实时价格"进行类推	143
根据"跳跃式发展"进行类推	146
根据"实时运转率"进行类推	148
根据"评分和推荐"进行类推	151
如何培养元思维	153
后　记	157
出版后记	161

第 1 章

热身篇

元思维就是使自己的视点上升到更高水平,从而洞察到自己在思考时所受到的束缚。

因此,本章首先要确认自己的思维定式或视野狭隘的程度,从更高的视点(元视点)审视自己。

你是"以自我为中心"的人吗

我们首先需要确认自己的思维中存在哪些偏见或定式。

人们以为自己看到的是事实和真相,但其实在潜意识中却常常以自己为中心,形成各种偏见。元思维可以帮助我们发现这些偏见并加以纠正,从而形成创造性思维。接下来就来确认一下自己心中的"有色眼镜"(偏见)吧。

要知道，思维定式最大的问题是"本人无法察觉"。

接下来我们就一起来看看。特别是工作中常会遇见的很多情形，其关键问题都是当事人没有洞察到自己的思维定式。

最典型的偏见是以自我为中心。我们不能总是从以自我为中心的视点来看待所有事物。

"有色眼镜"的最大问题就在这里。与自己所意识到的相比，人们以自我为中心的程度可能要严重数（百）倍，或者我们看待自己的视点与看待别人的视点之间也存在上百倍的差异，而人们对此却往往全然不觉。

例如，您有下面列举的这些情况吗？

- "借给别人的钱"会一直记得，"向别人借的钱"却转眼就忘（也可以把"借钱"换成"给予帮助"）
- 认为"现在的年轻人"不够能干
- 常常觉得"只有自己吃亏了""只有别人赚到了"
- 看别人都是芸芸众生，只有自己与众不同
- 把别人的失败归结为"没有能力的必然结果"，却将自己的失败解释为"运气不好"
- 要求别人"不能一知半解就夸夸其谈"，而注意不到自

己才是一知半解，却正在对别人夸夸其谈
- 说起"上司的缺点"滔滔不绝，却认为自己是个"好上司"

……

我们自己或者周围的人可能或多或少都存在类似问题吧。

上升到元视点，就是要消除自己的特殊性，从客观认识自己开始。

除了上面列举的情况，我们还可以用同样的方法，看看还有哪些情况下是对别人和对自己采取了不同的标准呢（可能很多人对①马上就能想出很多事例，对②却想不出来多少吧？这种状态本身就是"以自我为中心"的表现）？

① 关于周围的人
② 关于自己

寻找身边的"自相矛盾"

最典型的"以自我为中心"，表现为言行上的"自相矛盾"。只有采用"元视点"看待问题，才能发现类似的"自相矛盾"。反过来说，善于运用元思维则可以随时意识到自相矛盾的情况。

几乎所有人或多或少都会有"言""行"不一致的情形。这是因为人们的"言"往往是"自己看见的世界"，而"行"则是"别人看见的世界"。也就是说，自己看见的世界与别人看见的世界通常会有很大的差距。

越是能够从"脱离自己"的视点审视自己的人，言行之间的差距就会越小。不过仍有很多人完全沉浸在"自我"的世界中，在这种状态下看待自己，很难真正认清自己。

自相矛盾的例子有很多，例如：

- 批评别人"只会批评别人，提不出建设性意见"
- 在网上宣称"不能原谅那些在网上诋毁别人的人"
- 提出反对意见："不要只提反对意见却拿不出替代方案！"
- 单方面要求对方"注意听别人的话"
- 写着"不要按说明书操作！"的使用说明书
- 认为"抽象化和一般化都没有意义"的一般化结论
- 建议别人"不要照单全收的听信别人的话"
- 一味强调"倾听的重要性"的演讲

- 抱怨"下属自己没能力却归罪于别人"的上司

除了这些，还有很多年长者经常会说"现在的年轻人真是没出息"，这种说法简直可以称作典型的"非元思维"。与运用元思维的人处于相反状态的，就是常说这种话的人。

之所以说这些人"没有客观看待自己"，是因为以下几点都可以证明他们不具备元思维（没有意识到自己的成见）。

- 把自己年轻时的情况束之高阁
- 任何时代都存在同样问题，却认为只有"现在的年轻人"和自己的时代是特殊的
- 没有意识到正是自己这一代人造就了现在的年轻人

以上这些发言最根本的问题在于，说话者自身并没有意识到这当中存在问题。

请从以下两个方面出发，考虑是否还有其他"自相矛盾"的情况。

- 周围的人
- 自己

"元视点"的应用训练

正如前文对自相矛盾的介绍中所说的，用元视点思考，从更高的视点观察，便能发现矛盾。下面的例题可以帮助我们进一步加深理解。

【例题】
　　什么职业"无法体会到顾客的感受"？

【解说】

小时候曾经听过这样一个小故事，是小学生之间的对话："我长大了想当水手，但是我不会游泳……"
"没关系，不用担心，我爸爸是飞行员，他也不会飞。"
这个对话很好地从另一个侧面展示了"自相矛盾"的结构。

还有一些情况虽然略有不同，不过在这个世界上，确实有一些职业"从结构上来说，无论如何都无法体会（或者无法经历）顾客的感受"。

例如：

- 妇产科的男医生

- 为穷凶极恶的罪犯辩护的律师等

【练习题】

请尝试列举一些"(从结构上来说)无法体会到顾客的感受"的职业(正如前文介绍的,以疾病或者罪犯为工作对象的职业都比较符合这个条件)。

如何做到"自知无知"

"自知无知"的概念据说是苏格拉底在古希腊时代提出的。

要做到"自知无知",可以说是非常困难的。和洞察力一样,"没有洞察力的人"最大的问题在于"不知道自己没有洞察力",也就是处于"不知无知"的状态。

有一点可以肯定,人们无法依靠别人的力量摆脱"不知无知"的状态。不过本书的读者大可不必担心,因为"不知无知"的人根本就不会去读书。读书的人说到底都是具有求知的好奇心的人。求知的好奇心就是探索未知领域的欲望。

下面通过例题来介绍具体的实践方法。

做到自知无知的方法之一,是在遇到无法理解或者与自己的价值观相反的事物时，不要认为"对方有问题"，而是尝试接受"有一些领域是自己所不了解的"这个事实。换句话说，这也是"改变对方"和"改变自己"的不同。

随时留意避免陷入"不知无知"的状态，便可以借此机会发现自己所不了解的领域。

【例题】

回想一些价值观与自己截然不同的人或事情，不要直接否定它，而是尝试考虑如何理解它，或者思考能否从中获得新的创意（代沟或不同文化间的差异都是比较简单易懂的例子）。

【解说】

例如最近人们经常谈论的"生病时用社交媒体向上司请假"等话题，最能体现出不同年代的人们相互沟通时出现的问题。其中的两方分别是批评下属"不懂事"的上司和"不知道自己错在哪里"的下属。

仔细想想就会发现，在工作中的交流方式从电话变为邮件的"新旧交替时期"，也曾经出现过同样的情况。邮件问世之初，人们发邮件时常会加上一句开场白："用邮件方式联系，请您谅解。"现在几乎没有人会这样说，而且越来越多的人其实已经"不希望对方打电话过来联系"。

再继续向前追溯还会发现，商务联络方式从当面拜访变为电话沟通时也曾经出现过同样的情况。

也就是说，"烦琐的老方法等于正式且礼貌"与"高效的新方法等于随意且失礼"的观念对立，从过去一直重复至今。

新的价值观有助于我们发现自己是否已经陷入僵化的思维方式。这个简单的例子，可以帮助我们意识到，不同年代的人们之间的价值观差异，"或许只是自己还不了解而已"。

【练习题】

"代沟"和"文化差异"等不同价值观可能会让人做出"不可理喻的行动"，理解了这一点之后，再去思考一下，还有哪些情况也是首先质疑自己的常识更好一些？回想最近在工作场合或者身边发现的类似差异，试着去思考一下。

用元视点思考

接下来，我们再从其他角度来了解这个让人似懂非懂的

"用元视点思考"的概念。

"用元视点思考"的含义比较抽象，这种表达方式本身也属于元的层面，所以这里再做一些具体的介绍。

图1-1的示意图体现了用元视点思考的具体含义。

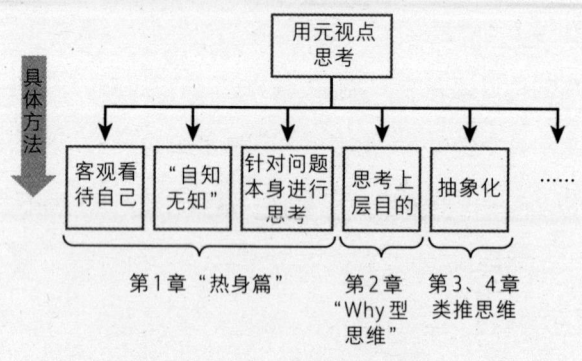

图1-1　何为"用元视点思考"？

关于如何客观看待自己，如何正确认识"自知无知"，以及如何理解"元"的定义，也就是如何针对问题本身进行思考等问题，本章已经做了简要介绍。通过这一准备阶段，接下来便可以开启思维模式，摆脱视野狭窄导致的成见，从思维僵化的状态中解脱出来。因此，前面的内容可以看作元思维的热身活动，也可以当作"最基础的心理建设"。

以下篇章将继续介绍，如何运用元思维进一步创造性地开阔视野，以及如何形成具有建设性并且别具一格的崭新创意。

元思维的两个方法

除此之外，图1-1中还包含"思考上层目的"和"抽象化"两部分内容，这两个视点有助于我们形成积极的、具有创造性的创意。

从下一章开始，主要介绍两方面的内容：一个是如何上升到元视点的方法论，还有一个是对该方法论的具体应用，即通过"Why型思维"追问"为什么"，以及运用"类推思维"，通过抽象化上升到元视点，与其他领域建立联系，形成新的创意。

正如序言介绍的，本书旨在通过解答例题的形式，把上述思维方式落实到实践层面，因此请您一定要在阅读的同时自己思考答案，然后对比自己的答案和解说的内容，通过练习题进一步加以巩固。

第 2 章
Why 型思维训练

"为什么"的独到之处

本章以"为什么"为关键词，进行第一个元思维训练。"为什么"这个词十分常见，从某种意义上说，它是对"思考"这一行为的思考，也是元思维的基础。

虽然"为什么"随处可见，几乎所有人都在用它，然而真正能纯熟掌握这个词的人却是凤毛麟角。

反过来说，正因为人们在某种程度上都会用这个词，所以我们才更应该理解其真正含义，或者在日常生活中有意识地使用这个词。

> **基础篇**

首先,我们来确认一下自己有哪些思维定式吧。

【例题】

　　假设上司或客户要求"调查无人机的相关事项并汇报上来",请在1分钟之内把你能想到的应该采取的措施尽可能多地列举出来(目标:10项)。

例如:
- 在网上搜索查询
- 向(公司里可能了解这方面情况的)别人请教
- 购买相关书籍

【解说】

大家都想到了哪些措施呢?

我们可以按照以下要点,确认自己的思维定式。

首先,请把你所列举的措施分成两大类:

一类是以"调查无人机"的指示为前提,思考具体用什么方式来实行的措施。例如：

- 在网上搜索美国引进无人机的案例
- 阅读电子版的国外入门书
- 自己买一款便宜的无人机来试用

此外，还有另一类措施是对指示提出疑问，思考"为什么要调查无人机"，即确认这项指示本身的目的。例如：

- 向提出指示的人确认"调查结果的用途"
- 针对调查目的提出假设

估计大家列举的大部分措施都属于第一类，可能也有人列举了属于第二类"确认初始目的"的措施。

通过这个例题，大家可以了解到自己的思维方式是重视具体问题和实施方法的"How"型，还是重视目的的"Why"型。重视目的的"Why"型思维方式更接近本书所介绍的元思维。

元思维是指在面对问题时，不是立即开始着手解决，而是首先针对问题本身进行思考。如图2-1所示,这意味着从更高的视点来看待问题。

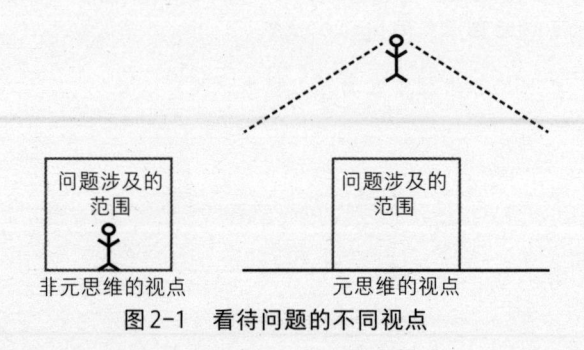

图2-1 看待问题的不同视点

总的来说,这两种思维方式截然不同。一种在面对问题时不假思索地认为问题"就是这个样子"而立即开始采取行动;另一种则先要思考"问题本身是否妥当",然后再决定如何行动。

正如图2-1所示,不具备元视点,就会完全沉浸于问题之中,错误地认为这就是整个世界。也就是说,在这种状态下,完全无法洞察到"问题之外的"和"其他应该注意的"问题等。

寻找"上层目的"

接下来介绍怎样才能上升到元视点。"元视点"的说法本身比较抽象，图1-1中的"思考上层目的"是其中的一个方面。其具体示意图如图2-2所示。

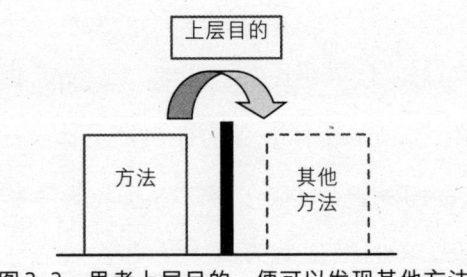

图2-2　思考上层目的，便可以发现其他方法

上升到元视点，思考上层目的，便可以发现解决问题的其他方法。图2-3体现了这种模式。

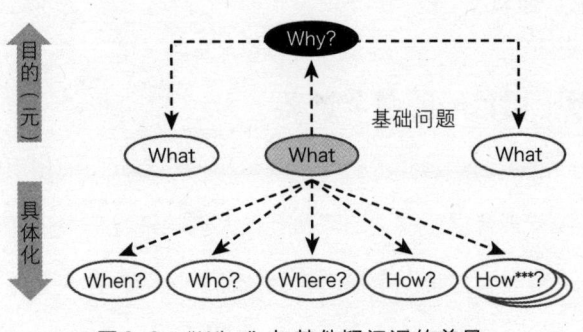

图2-3　"Why"与其他疑问词的差异

图2-3中，What表示对方提出的指示或问题。

以基础问题（What）为中心，可以通过向上追溯上层目的的Why方向和向下的具体化方向两种方式来思考应该采取的措施。

向下的疑问词是5W1H分析法中除了Why和What之外的When、Who、Where、How以及How long（How much）等。

不知道大家有没有发现，通过"Why"来追问上层目的，还可以引发出其他问题（What）。

关于Why与其他疑问词的关系，后文还会详细介绍，除了Why以外的其他疑问词基本上都是为了解决"具体化"问题而提出的。这些疑问词可以在"如何解决问题"方面为我们提供线索，但只有Why才有可能告诉我们"问题本身的问题"。

思考上层目的的两个意义

一般来说，思考"上层目的"具有两个方面的作用或效果。接下来就根据前文的"调查无人机的情况汇报上来"的例子进行探讨。第一个作用正如前面介绍的，是探究真正的目的，如果发现还有其他应该解决的问题，就要"重新定义问题"。也就是说，可以发现新的问题。

此外，思考上层目的还有另一个作用。即使问题本身没有问题，我们也可以通过思考上层目的，在如何解决问题方面获得线索，例如应该优先解决哪个部分，应该向着哪个方向解决等。

就拿无人机的例子来说，根据不同的调查目的，我们应该重点调查的内容也会有所不同。例如应该调查技术问题，还是应该考虑其商业用途等。也就是说，思考上层目的还有助于我们掌握How（如何做）。

如果用涂色画来比喻的话，思考上层目的的第一个作用是告诉我们"应该把颜色涂在哪里"，第二个作用则是告诉我们"怎样才能把颜色涂得更漂亮"。

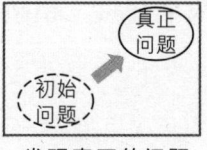

图 2-4　Why 的目的 1：发现真正的问题

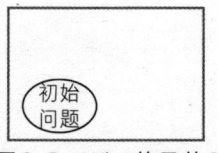

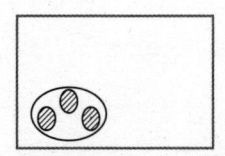

图 2-5　Why 的目的 2：找到解决问题的办法

如何"改变战场"

这两种作用的不同，也是"尽快妥善解决问题"与质疑初始问题是否妥当或者"重新定义真正需要解决的问题"之间的不同。在解决问题之前，追溯到发现问题以及明确定义问题的"上游"，从而改变战场，这是 Why 型思维作为元思维带来的结果。

这也可以理解为"战略"与"战术"的不同。"战略"指"元层面的战斗"，考虑的是要在哪里作战，如何将战场转移到自己擅长的领域等问题。而"战术"考虑的则是如何在现有战场上取得胜利。这种上游与下游的不同，和前文介绍的发现问题与解决问题的关系是一致的。

Why 从两个角度"超越时间"

Why（为什么）的用途非常广泛。面向过去追问"为什么"，可以从"因果关系"的角度探索导致结果的原因；面向未来询问"为什么"，则可以从"方法与目的的关系"出发，思考目前的方法所能实现的目的。也就是说，"Why"能够超越时间的制约，将现在与过去、现在与将来连接起来。

这个特性是其他疑问词所不具备的。

也就是说，只有 Why 能够"超越时间"。前文介绍了

Why的作用是"跨越界限",从空间上将两个场所连接起来,通过"面向过去的Why"和"面向未来的Why",则可以上升到元视点,从时间上把两个场所连接起来。也就是说,上升到元视点,就是从更高的层面在下层的事物之间建立关联(如图2-6所示)。

图2-6 "面向过去的Why"和"面向未来的Why"

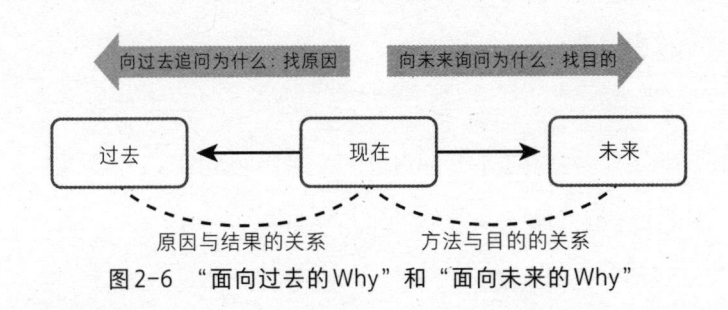

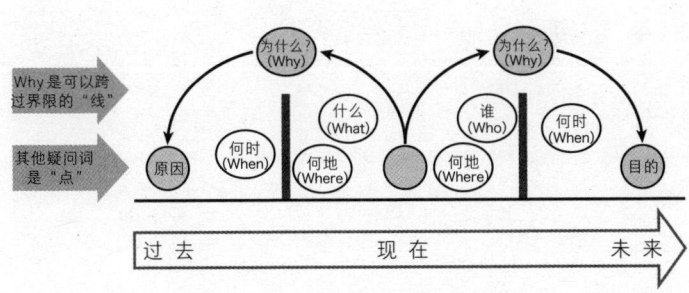

图2-7 Why可以超越时间的束缚

只有Why可以表示"关系"

用一句话来概括前一节的内容，就是在被称为"5W1H"的疑问词中，只有Why能够表示两个事物之间的"关系"，其他疑问词则都是为了准确探究事物属性而使用的。

换句话说，其他疑问词，特别是另外4个W（What、When、Where、Who）都可以用一个名词回答，而对于Why则很难只用一个词来回答。例如：

"这是什么？"（What？）……"狗"

"什么时候做？"（When？）……"明天"

"在哪里做？"（Where？）……"学校"

"谁来做？"（Who？）……"我"

与此相对的是：

"为什么？"（Why？）……"因为下雨了"

对"为什么"，无论如何简短，都无法只用一个名词来回答。即使是"因为是家人"这样的短句，最少也必须由"因为是+名词"构成。

这一点也体现了"为什么"的特殊性。

这是因为,如果将其他疑问词比作"点",那么就只有Why能形成"线"。我们上学时都曾经学过,点是0维的,线是1维的。也就是说,Why与其他疑问词分属于不同的维度。

正如Why作为疑问词的这种特殊属性所体现的,也可以说"元视点就是上升到另一个维度"。

只有Why可以反复使用

很多工厂等经常会要求在工作中"反复追问五次'为什么'"。发生故障和问题时,如果想找到根本性的解决方案,而不是表面上的解决方法,就需要反复追问"为什么"。其他疑问词无法做到这一点,只有"为什么"可以反复提问。

因为需要用"在哪""谁"等疑问词重复提问的,恐怕只有"没听清楚",也就是重复相同问题的情况。只有"为什么"这个疑问词可以多次使用,从而帮助我们上升到更高的维度(也就元视点)。

每次追问"为什么",都会上升到一个新的元视点。这也是我说"为什么"是个特殊的词语的原因。

Why型思维与What型思维

Why型思维可以通过各种形式帮助我们上升到元视点，形成新的创意，不过它也有缺点。反过来说，非元思维（不做更高层面的思考，也可称为What型思维）无法上升到元视点，但它也有其优点。

本书接下来将会从各个角度论述Why型思维的优点，所以这里先简单地总结一下Why型思维的缺点和What型思维的优点。

首先，Why型思维的人在接到指示后不会立即行动，而是先进行思考。从这点来说，"花费时间多"是它的第一个缺点。"思考"这个行为本身的特点决定了why型思维不可避免会存在这个问题。

Why型思维的第二个缺点是，追问"为什么"往往会让对方感觉不舒服。特别是在与日本人交流时，不停追问"为什么"的做法很不受欢迎，所以也要注意提问的方式。相比之下，What型的人因为从来不会违背对方的意愿，往往更能给人留下好印象（例如运动部低年级学生只有对高年级学长言听计从才会受到重用）。

以上是运用Why型思维时的"注意事项"，希望读者们留意。

> 实践篇

照单全收之前先"推敲"

亨利·福特通过大量生产使T型福特汽车获得普及，他有一句名言："如果你问顾客想要什么，他肯定会说'想要跑得更快的马'。"

这句话从某个侧面很好地诠释了Why型思维追问"为什么"的重要性。如果福特公司"完全"按照顾客的要求去做，恐怕后来得到普及的就是"福特牌快马"了（当然这是不可能的）。

正如面对"调查无人机的相关情况汇报上来"的指示，人们可能会做出两种反应一样，如果只是"按照字面意思"理解顾客的要求，那么问题就是"制造跑得更快的马"。而另一方面，如果用Why型思维去思考顾客的上层目的，也就是"为什么想要跑得更快的马"，便可以了解到顾客的真正需求——也就是上层目的——可能是"希望得到快速、安全又便宜的交通工具"。

这样一来，方法就不一定必须是"马"，从广义的角度来看待这个问题，正确的答案应该是"以更低廉的价格提供汽车等能代替马的交通工具"。

像这样，通过追问为什么来思考上层目的，就有可能找到顾客想都没有想过的解决方案。史蒂夫·乔布斯曾经说过："在你把产品展示给人们之前，他们根本不知道自己到底想要什么。"顾客提出的需求常常只是"对现有产品的改进"，只有从"元视点"去思考顾客真心需求，才有可能得出具有创新性的答案。

反观我们平时的做法，却常常是"照单全收"地解决对方提出的问题。接下来通过几个例题来帮助大家重新考虑这种情况，同时介绍如何用元思维获得"更好的解决方案"。

【例题】

请针对对方提出的意见，仔细思考以下问题（图2-8）。
① "照单全收"地对应，有哪些解决方法？
② 说话人的真正需求（Why或上层目的）是什么？
③ 用Why型思维能找到哪些更好的解决方法？

首先从最常见的话题开始，采用元思维的观点，针对工作时可能会遇到的一些"直白的话"，思考应该采取哪些措施。

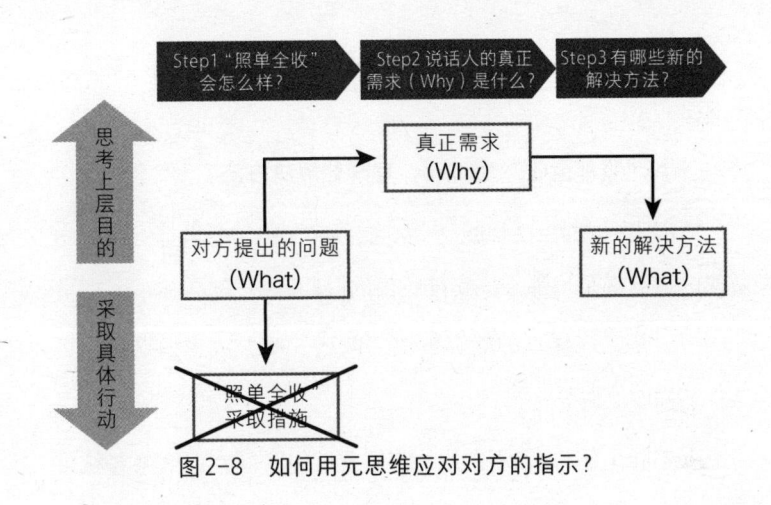

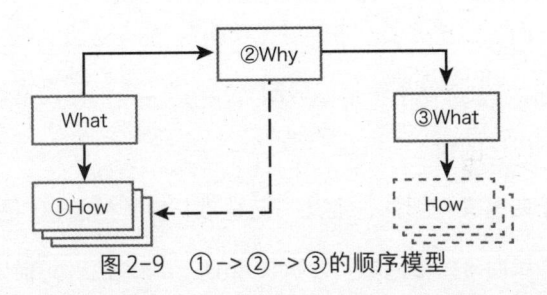

图 2-8 如何用元思维应对对方的指示？

图 2-9 ①->②->③的顺序模型

【例1】

"上次聚餐，时间有点短啊"

假设你是公司聚餐的组织者。聚餐之后的下一周，有一位参加了聚餐的前辈说了上面这句话。

那么对他的这句话，大家会做出什么反应呢？

① "照单全收"地对应，有哪些解决方法？

因为对方说"时间有点短"，对此照单全收的话，所需采取的措施就是"那下次安排更长的时间"。

但是，这样真的能够解决"问题"吗？或者说这是"真正的问题"吗？

实际上假设我们下次安排了更长的时间，那么聚餐结束以后，之前说时间太短的同一个人又会不满地对你说，"这次聚餐时间怎么这么长？中间好无聊啊"，你会怎么想呢？即使反问他，"上次你不是抱怨时间太短吗"，恐怕他也早就不记得自己说过的话了。

正如前文介绍的，上升到元视点，就是从超越问题本身的更高层面来俯瞰问题，分析词语的"言外之意"。提出指示或问题的人可能有意识地采用了其他表达方式，或者他们本人也没有意识到自己的真正需求究竟是什么。

类似例子在实际工作中十分常见。

有人说"会议时间太短了"，于是"安排更长时间"

有人说"研修时间太短了",于是"安排更长时间"

有人说"字写得太小了",于是"写大一些"

有人说"资料真多啊",于是"少放一些"

……

对真正需求来说,这些对策可能根本无法解决任何问题。

那么接下来,我们就上升到元视点,思考这句话所表达的真正需求究竟是什么。

② 说话人的真正需求(Why或上层目的)是什么?

上升到元视点,也就是去思考对方的上层目的,即思考隐藏在表面现象背后的真正问题是什么。

人们在哪些情况下会感觉"时间太短"或者感觉"时间太长"呢?我们要思考"为什么"那位前辈会说"时间太短",他的真正意图和这句话的背景含义是什么。

最有可能性的情况是,因为"玩得高兴",所以感觉"时间太短"。欢乐的时光总是很短暂,无聊的时光总是很漫长。如果有人说"讲话时间真长",那么他的意思未必真的与讲话的实际长短有关系。也就是说,他只是借用时间的形式表达了其他含义。

仔细分析"时间太短"这句话，其真实含义有可能是：

- 没能跟某个人进行充分的交流（比如立式宴会等情况下）
- 酒没喝够（或者饭没吃饱）
- 还没尽兴活动就结束了

……

如果这些才是"时间太短"的真实含义，"安排更长时间"显然并不能真正解决问题。

③ 用Why型思维能找到哪些更好的解决方法？

采用Why型思维，不能单纯地"安排更长时间"，那么应该采取哪些解决方法呢？

如果这句话的真实含义是"玩得很高兴"的话，作为下一次活动的组织者，你应该采取的措施就是"确保与前一次聚餐同样有趣"，即"不需要有大的变化"。也就是说，这种情况下的"时间太短"其实是褒义的夸奖。

相反，如果有人抱怨"时间太长"，就说明聚餐不太成功,所以特意安排了更长的时间却被人抱怨"这次时间太长了"的话,就意味着你这一次作为组织者的表现出现了急剧的下降。

再比如如果说话人的真实含义是"没能跟某个人进行充分的交流",应该采取的措施或许就是马上为他与那个特定的对象安排(聚餐以外的)其他交流机会。

如果对方的真实含义是对饮食方面的不满,那么应该采取的行动就与时间无关,而要在选择餐厅或套餐内容方面多下功夫了。

当然,这些"对策"也可以与"安排更长时间"一起实施,它们与"安排更长时间"并不是完全对立的。不过最重要的一点是,只靠安排更长的聚餐时间,很有可能无法真正解决问题。

> 【例2】
> "请把各部门招待费开销状况汇总一下"

① "照单全收"地对应,有哪些解决方法?

如果上司要求"收集数据",就去"收集数据"的话,这样的工作早晚会被计算机取代。

你曾经遇到过类似情况吗？例如把"按照要求"收集来的数据交给上司或客户，对方又反问"那接下来应该怎么办"，这时就只能回答"您只说要收集数据……"。

这是典型的思维僵化状态，也是未能上升到元视点思考的表现。

跟前文"无人机"的例子一样，对方的指示肯定有其目的，99.9% 的"收集数据""收集信息"等工作的目的都不只是为了收集。

那么，接到这样的指示时应该怎么做呢？

② 说话人的真正需求（Why或上层目的）是什么？

收集信息的工作背后，一定存在"用收集来的信息如何如何"等目的。因此我们需要根据有限的信息提出假设。

大部分情况下，这些指示的背景或目的都被简化或省略掉了。因此，最好的方法是在接到指示时主动询问其背景和目的。不过也有很多时候我们无法马上找到对方，或者对方通过邮件等形式下达了指示，因此无法当场确认。

在这种情况下，我们可以根据现有信息去推测可能的上层目的。

思考指示背后的上层目的，应该关注"其结果可能带来的下一步措施"。可以假设几种情景，由此来推测收集的数据要用于哪些目的，或者其结果会带来哪些后续措施。

那么，根据这个例子可以提出哪些假设呢？

一般来说，与（招待费等）经费相关的"下一步措施"是研究如何削减经费。我们可以将"各部门"看作关键提示。当人们说"各部门"和"各单位"时，通常暗示着这些部门或单位之间可能存在较大的差异。例如某些部门的招待费可能会远远多于其他部门。因此，下一步所要采取的措施，可能就是"在讨论各部门的经费削减目标时作为参考"。

③ 用 Why 型思维能找到哪些更好的解决方法？

了解了上层目的之后，当然仍然需要按照指示汇总现有的数据，不过除此之外，我们还可以考虑各部门招待费会产生差异的原因，根据不同顾客、不同地区、不同月份进行汇总，进一步推测对方接下来可能采取的措施。

当然，这些可能是"数据接收者的工作"，不过如果我们工作时总能够"站在对方的角度""思考下一步要采取的措施"，那么就更可能通过提前准备满足对方的需求。此外，由于预测了对方"接下来可能会问些什么"，规划和处理工作的能力也会随之不断提高。

> 【例3】
>
> "竞标失败的原因是与对手的价格差"

①"照单全收"地对应，有哪些解决方法？

这个例子不是"指示"，不过也属于"应该解决的问题"。在销售工作中遇到类似情况，如果不能采用元视点思考，也常会导致无法采取适当的对策。所以在此我们就来探讨一下。

在绝大多数情况下，与"时间"或"金钱"相关的指示或"理由"都属于What型问题，其背后一定存在真正的"Why"。

把竞标失败的原因归结为"价格"的话，下次遇到类似情况时首先想到的肯定是"降价"。但是应该采取的措施真的是降价吗？之后去查询各家公司的报价，却发现中标公司的价格其实更高，这种情况也并不少见。

此外，将失利原因归结为"价格"，这还相当于放弃了深入思考的机会。因为"价格"而在竞标中失败，就意味着"不是自己的责任"。把责任推卸到无法以更低价格提供产品或服务的公司头上，或者推到不愿意进一步降低价格的上司身上,确实可以证明"错误不在自己",但这样也会失去进步和成长的可能性。

无论是幸运还是不幸,正如后文将要论述的,在大多数情况下,"价格"并不是失败的真正原因。

② **说话人的真正需求(Why或上层目的)是什么?**

那么,这种场合的"真正含义"是什么呢?

在竞标中拔得头筹的公司未必是靠最便宜的价格取胜,因此作为本公司失利的原因,首先可以想到应该是"相对于性能、用途及其他优点来说,价格比较高"。这样一来便可以发现,自己有待改进的地方其实应该是"更多地宣传本公司产品的优势"。

从顾客的角度考虑,恐怕很少有人会真正只看价格做出决定。例如面对自己"真正"想要的东西,即使其价格超过了"本月零用钱能承受的最高限度",我们也会想一些其他方法,或者是过段时间再买,或者是用信用卡购买,总之会想方设法地买下来。

接下来我们再来换个角度考虑,假设你是顾客,在对几个产品和公司做了比较之后,需要拒绝其中一位非常努力推销的销售人员,那么你会怎么对他说呢?假设真正的原因是你已经决定"买下这个产品"却遭到家人反对，或者不知为什么就是不喜欢这个销售人员，你会把真正的原因告诉他吗？

类似情况下，最简单的拒绝方法就是"价格的原因"。这样说不会伤害到任何人，又是客观存在的理由，所以非常具有说服力（至少表面看起来是这样）。

商务场合也一样。例如真正原因其实是"因为总经理的一句话，就决定不要该公司产品了""之后才发现自己的上司以前曾经与这个销售人员的上司发生过争执，他明令不许再与这家公司有任何来往"等，在这些场合下，拒绝对方的理由恐怕都会变成"价格的原因"吧。

从某种意义来说，"金钱"和"时间"只是衡量尺度。所谓"没有钱"或者"没有时间"，说到底只是意味着"优先程度低"。想一想自己或别人说"没有时间"时的具体情形，就可以明白这个道理。把时间换成金钱，也完全符合这个模式。

也许有人会反驳："也有些情况确实是由价格决定的，比如政府机关的投标等"。单纯只看这一点的话，可能有些情况下的胜负确实完全取决于价格的高低，但问题是公司为什么会卷入这个战场中来。运用元思维分析问题的本质就可以发现，在卷入价格战之前，如何通过"上游"的运作，将竞争引向对自己有利的战场才是决定胜负的关键。

因此，即使是单纯靠价格取胜的情况下，也一定曾经有过"使自己在竞争中占据优势的办法"。越是反复探究为什么（即上升到更高层面的元视点），就越能在上游展开竞争，这也是 Why 型思维的特点之一。相反，如果被对方以"没有钱（时间）"的理由拒绝，这其实意味着你的公司目前是在"较低的层面"与对手竞争。

③ 用 Why 型思维能找到哪些更好的解决方法？

像这样，如果销售人员宣称"只有降价（才能取胜）"，这表明他已经陷入了思维僵化的状态。同样，如果人事专员说"只有加薪（才能留住员工）"，他也是处于同样状态。"只能在数字上做文章"，其实是思维僵化的典型症状。

让我们记住这一点："靠数字取胜"是缺乏创意的人仅有的看家本领。人们重视数字的理由，是"任何人都能理解"，不过反过来说，"任何人都能理解"这句话本身也意味着，即使思维僵化的人也能够理解。

在该例题的场合下，也可能确实没有其他选择，不过我们也可以从中获得启发。例如"作为下次再参加竞标时的教训"，可以在更高层面事先调查客户的人际关系或公司决策流程,或者更加精准地收集信息,事先做好上司的工作,避免参加只重视价格的竞标活动等。

请大家也从今天开始,不要再说类似"因为价格输给了对手"或者"因为预算不够没法做"等话(同理,我们也不应该说"因为忙")。当然确实会存在费用或时间都极为匮乏的情况,但这种场合我们更应该思考"自己能做些什么",而绝不要将"钱不够"或者"没有时间"作为借口。

将失败的原因归结为时间或金钱,也可以说是"维度比较低"的做法。掌握了元思维,便可以通过元视点将这些说辞翻译成其他表达方式,从而创造出自己可以掌控的选项。

【例4】

"请来为我们介绍一下新产品"

① "照单全收"地对应,有哪些解决方法?

对方要求"介绍新产品",于是就去介绍。预先尽量收集新产品的相关信息,比如新功能特点、与竞争公司的对比、产品类型和价格等,然后带着准备好的资料到客户公司去介绍新产品。

本以为资料做得滴水不漏,全面展示了本公司产品的优点，但客户公司的采购经理听完以后的反应却是"那又怎么样"。

面对这种让人摸不着头脑的反应，几乎就要反问对方"是你让我来介绍产品的啊"。这样的经历是不是很多人都觉得似曾相识？

这难道真的只是因为对方反复无常吗？

② 说话人的真正需求（Why 或上层目的）是什么？

一般来说，这种情况下，对方的目的不太可能只是请你"介绍新产品"。要想知道"下一步"是什么，必须思考其上层目的。那么我们可以提出哪些假设呢？

首先能想到的，当然是对方正在考虑购买该产品。不过即使通过元视点得出这个结论，也仍然不能算作找到了真正意义上的目的。

因为对方说"请为我们介绍新产品"时，其意图当然是在考虑购买，所以我们还应该进一步思考"他们到底为什么要买这款产品"。这里的重点是思考"为什么的为什么"，这样才能发现各种可能性。

同样是"考虑购买"，根据对方真实需求的不同，我们需要准备的信息和需要强调的重点自然也不尽相同。例如是旧产品已经无法使用，所以考虑替换呢？还是对目前正在使用的其他产品的售后服务不满，所以想要更换呢？又或者只是为了在下一年度争取更多预算而做的准备工作呢？

此外，除了考虑购买，还有一些情况也会需要厂家的销售人员来介绍新产品，例如"只是想了解最新行情"等。不过即便是这种情况，其最终目的也不会只是"调查"本身，而是在"下一步"还会有其他目的。这些情况下，同样可以推测出各种可能的上层目的，例如想预测三年后上市的新产品的技术动向，或者为了回答高层管理者对最近热门关键词的咨询等。

③ 用 Why 型思维能找到哪些更好的解决方法？

因此，"介绍产品"本身肯定不是目的（如果对方真的以此为目的，那么这件事本身就很奇怪），所以应该在考虑"下一步"，也就是上层目的的基础上去做产品介绍。

如果对方的目的是替换其他产品，那么本公司产品与其他公司的产品或售后服务的比较就尤为重要。如果还能进一步针对替换的原因多问几个"为什么"，做比较时的重点也会更为清晰。

如果对方的目的是为了争取下一年度的预算额度，那么可能就需要介绍一下可选的支付方式，或者包含维护保养费用在内的总费用等。

像这样，接到"请来介绍一下新产品"的指示时，从多个角度多考虑几个"为什么"，我们的工作能力就可能更上一个台阶。

【例5】
　　"产品不好卖，是因为这个行业（国家、企业）比较特殊"（请尝试运用Why型思维来分析后半句）

① "照单全收"地对应，有哪些解决方法？

对方说"不好卖"，照单全收地去对应，能采取的措施就只能是"不卖"或者是"修改计划"了。

可是，果真是这样吗？上升到元视点，就需要以怀疑的眼光来看待问题，这样才能启动思维模式。就像前文介绍的无人机的例子，对接到的指示不假思索地立即采取具体措施，就会错过重要的"问题之外的问题"。

类似这个例子中的发言者，都是"精通一线业务的人""本行业的专家"，或者是"了解当地情况的人（海外常驻人员等）"。

例如总部的人到一线听取意见时，常会遇到这样的反馈，最初在总部规划的设想被批判得体无完肤。

"总是这样，所以就怕你们这些不了解当地情况的人"

"这个国家的人从来不用这种产品"

"客户没有这方面的需求"

接受对方的意见，就得根据这些反馈重新修改计划，但是完全按照"一线的意见"生产出来的商品就一定能卖得出去吗？恐怕并不见得。

如果"照单全收"地把所有意见都反映到计划里，再次拿给对方看时恐怕又会遇到完全相反的意见。

"为什么改成了这样？"

"不是你说要改的吗……"（话到嘴边咽下没说）

类似这种"因为对方变幻不定的意见而手足无措"的场景，常出现在"总部与一线之间""下属与上司之间""销售人员与顾客之间"等。下面就来考虑为什么会形成这种局面。

② 说话人的真正需求（Why 或上层目的）是什么？

首先我们来考虑，对方所从事的工作（所处的行业或国家）真的像他说得一样特殊吗？他为什么要这样说？

第一个原因是，人们原本就具有类似的思维习惯，倾向于把别人的事情普遍化，把自己的情况都视为特殊。

此外，提出类似意见的人常常只关注自己的业务范围，对其他领域或行业却没有丝毫兴趣。一个人的视野越开阔，就越能够分清"哪些是特殊的，哪些是普遍的"，所以他们不会说出与该例题类似的言论。也就是说，这些言辞也体现出说话者的视野十分狭窄。

那么，为什么有些人一谈及自己的工作，视野就变得狭窄了呢？原因之一是他们只会从具体层面看待事物，无法"从元视点思考"，对其进行抽象化。

另外还有一个原因，说话人可能只是"反对新事物"或者"讨厌变化"。这种情况下，他们并没有什么站得住脚的理由，可能只是在寻找借口。人们面对自己在情感上无法接受的问题时，也常会做出类似反应。

③ 用 Why 型思维能找到哪些更好的解决方法？

通过前面的分析，可以发现例题中的问题可能并不是

"真有特殊之处",所以我们应该找到对方这样说的真正原因,然后才能采取有效的对策。

首先,从元视点充分分析当前的问题,在抽象化的基础上判别哪些是特殊的,哪些是普遍的。在此基础上,才能根据最初的目的,思考该如何处理确实属于特殊情况的问题。

其实由拥有相同思维模式的人们从事的活动,本来并不存在所谓特殊的行业或业务。反过来说,也就不存在"普遍性"业务或行业,所以我们更应该根据自己的目标适当进行一般化或抽象化思考。

此外,如果只是因为"反对新事物"或者"讨厌变化"等原因而找的借口,我们则应该在弄清楚对方"为什么这样想"的基础上,再去寻找对策。这种情况下,真正的解决方法可能就是"找个地方坐下来听听他的牢骚"。

别把方法当作目的

实际上,工作中常会遇到与前文例题类似的指示或命令,也有很多人由于"思维僵化"而照单全收。

前边的训练介绍了一些具体事例,除了这些以外,工作中还有很多活动会逐渐陷入"把方法当作目的"的状态。

在一些比较稳定的组织、比较有传统的大公司或大企业中,"把方法当作目的"的现象比比皆是,员工在这种组织中待得越久,思维就会越僵化。面对那些已经成为惯例的措施,我们应该随时追问其目的,这也是元思维最基本的要求。

已经成为惯例的活动,是否都是为实现特定目的而采取的适当措施,是衡量组织活力的一个标志。在停滞不前、丧失活力的组织中,"例行会议"和"例行工作"会越来越多。

所谓"例行工作",是指不用逐一确认其目的,只要用相同方法按时实施即可的工作。"例行工作"所占的比例越大,需要思考的内容就越少。长此以往,没有任何变化,组织就会在"一汪死水"的状态下逐渐失去活力。

会议在工作中固然必不可少,但也有很多会议已经成了"把方法当作目的"的典型代表。"开会"本身成了目的,缺乏真正目的、效率低下的会议就会越来越多,甚至可能出现"思考开会目的的会议"等本末倒置的情况。

开会的目的不外乎"做出决策"和"分享信息"。如果是"分享信息"的会议,其上层目的是什么(分享信息本身应该不是开会的目的),参加者对该目的是否拥有共识,这些方面的差异会导致会议的效率和参加者的积极性都完全不同。

【例题】

　　调查、分析、调整、评价……

　　每天都在做的这些工作，本来都是方法，却常被我们当成了目的。

　　请重新思考它们的"上层目的"是什么。为每项工作至少找到两个以上的目的。

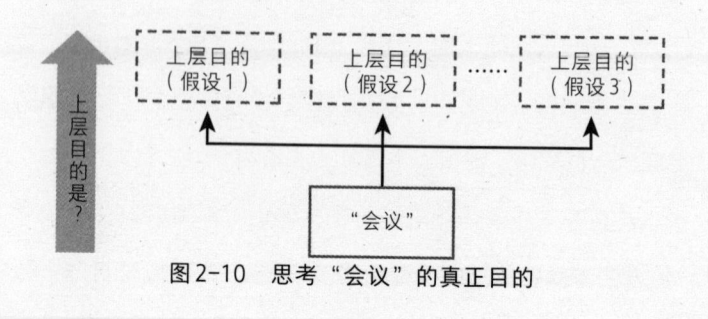

图2-10　思考"会议"的真正目的

我们可以从以下几个角度来分析上层目的。从各个角度多问几个"为什么"或者"为什么的为什么"。

- "下一步"要做什么（调查、分析等的"下一步工作"）？

- "下一步的下一步"的最终目的是什么（针对"为什

么"的答案进一步追问"为什么")？

- To Do（行动）的上层目的是实现下一步的 To Be（状态）
- ICT 等工具的上层目的是希望实现的目标（利润、销售额、成本等）
- 具体业务的上层目的是经营目标（利润、销售额、成本等）
- "上司"安排工作的上层目的是"上司的上司"
- 客户提出要求的上层目的是"客户的客户"

……

也可以根据以下括号内的线索，思考各项工作的上层目的。

需要思考上层目的的课题：

- "调查"（在 99.9% 的情况下，调查本身都不是目的。下一步要使用调查结果来做什么？）
- "分析"（在 99.9% 的情况下，分析本身都不是目的。下一步要使用分析的结果来做什么？）
- "调整"（在 99.9% 的情况下，调整本身都不是目的。下一步要使用调整的结果来做什么？）
- "评价"（完成评价之后要做什么？）
- "管理"（各种管理有没有陷入"为了管理而管理"的状态？是否考虑过管理的最初目的是什么？）
- "引进系统"（"把方法当作目的"常会导致项目误入歧途。人们说"某某系统成功或失败了"时，他们是针对"最初的目的"而说的吗？）
- "整合"（无论公司里还是系统中，都有无数的项目将整合本身当作目的。）
- "可视化"（这也是"把方法当作目的"的常见表现，"可视化"之后究竟要做什么？）

【解说】

在此不再针对每一个具体项目解说，但是请大家一定要记住：上述所有这些工作都"只是方法，而不是目的"。虽然这是最基本的常识，但几乎所有工作场合的所有员工，都常会把其中的某项或者全部都当成了目的。

随时思考上层目的，上升到元视点思考问题，能够帮助我们在工作中取得出类拔萃的业绩。

练习"改变战场"

正如前面介绍的，Why型思维可以帮助我们改变战场。这意味着从非元视点考虑问题时的战场与从元视点考虑问题时的战场之间，存在截然不同的"判断标准"。

通过前面的论述可以发现，从方法的角度考虑问题时与从目的出发考虑问题时的判断标准不同，根据有形的事物进行判断与根据无形的事物进行判断时的标准也不相同。也就是说，从元视点思考与从非元视点思考，会看见完全不同的世界。

举例来说，我们经常会用到"行业"这个词。例如汽车行业、影视行业、电器行业等，行业是指由提供相同产品或服务的企业共同组成的集团。很多商业人士总是在"行业"的范围内思考问题，因此形成了一些所谓"行业常识"，或者人们求职时也要先确定自己想从事什么"行业"。

那么对照前面提到的两种截然不同的判断标准，"行业"属于哪一种呢？总体来说，行业要基于产品或服务等"可见的内容"进行判断，所以它属于非元视点的判断标准。

图2-11列举了元思维的判断标准与非元思维的判断标准的不同之处。

	非元思维的判断标准	元思维的判断标准
可视化程度	可见的	不可见的
表面化程度	表面的	根本的（本质的）
适合对象	所有人	拥有元思维的人
何时需要？	稳定期	变革期

图 2-11　两种迥异的判断标准

像"行业"这样，根据有形的事物进行判断，因为所有人都能看见，可以获得任何人的理解，所以适合作为大多数人的共识，通过固定方式来运用。但另一方面，由于它是表面化的、一成不变的，所以有时会导致思维僵化，阻碍变革的产生。因此，尤其在变革时期，人们更需要运用元思维的视点重新审视问题，改变原有的判断标准。

法律、规定以及公司的规章制度等都是典型的"有形的判断标准"。有形的判断标准可以获得所有人的认同，所以在成员众多的集团中维护规则时，或者运用已经成形的机制时都必不可少。但在时代变革时期，它们会变得陈腐，落后于时代，可能成为阻碍变革的因素。

在这种时候，我们需要上升到元视点，思考"做出判断的最终目的是什么"。

此时就需要Why型思维。

接下来,就从"重新判断"的角度进行元思维训练。

真正的竞争对手在哪里

下面通过"寻找本公司产品以及本公司的竞争对手",来练习运用元思维进行重新判断。

根据非元思维的判断标准,竞争对手通常是提供与本公司相同的外形或功能的产品或服务的"同行业内"其他公司。然而实际上,真正争夺顾客的却未必都是同一行业的公司。

例如吃"吉野家牛肉盖浇饭"的人,真的是从"松屋牛肉盖浇饭""食其家牛肉盖浇饭"等选项中选择了吉野家吗?

当然,在同类店铺比较集中的地段也可能会出现这种现象,但除了牛肉盖浇饭竞争极为激烈的区域之外,这种情况其实很少见。

例如在上班族午休时经常光顾的地段,选择在牛肉盖浇饭连锁店吃饭的人,其目的大多是为了"节省时间"。

也就是说,吉野家的竞争对手其实可能是"站着吃的荞麦面馆"或者"只有吧台座位的咖喱店"。考虑"目的",便会发现完全不同的竞争对手。

电视台的收视率之争也属于相同道理。

现在几乎已经没有人用"电视频道之争"这个词了。但在娱乐方式匮乏的过去，大家只有"看电视"这一个选项。因此"看哪个频道"就成了焦点问题，常会出现一家人一边切换电视频道，一边讨论看哪个节目的场面。

当时的竞争可以说完全是"各个电视台之间的收视率之争"。不过出现了互联网等其他选项之后，电视台的竞争对手也早就不再只是"其他电视台"了。

认清了上层目的，才能找到真正的竞争对手。如果目的是"消磨时间"或者"获取资讯"，电视的竞争对手就是互联网或智能手机；如果目的是"娱乐"，那么竞争对手就可能还要再加上游戏机。可见，真正的竞争对手已经变成电视以外的其他终端产品，例如（应该每人已经拥有一台以上的）智能手机和平板电脑等。

选项越来越多的情况下，决定客户选择的很可能已经不再是"同种产品或服务"，所以从元视点思考上层目的就尤为重要。

【例题】

传统咖啡厅的竞争对手（曾经）是什么(在哪里)?

- 步骤①

    首先,请尽可能多地列举出光顾传统咖啡厅的目的。

    如喝咖啡、打发时间等。

- 步骤②

    针对每个目的,思考是否还有"其他方法",尽可能多地列举出咖啡厅以外的其他选项。

    例如,如果目的是"喝咖啡",那么其他方法可以是从便利店购买、在自动售货机上购买、自己在家里煮、用办公室(或家里)的咖啡机做……如果目的是"打发时间",那么其他方法就可以是玩手机游戏、用社交媒体交流、看书等。

【解说】

同样是"去咖啡厅",实际上其背后却包含各种不同的目的。虽然我们常说"顾客需求发生了变化",但"享受时光"或"交流沟通"等上层目的却轻易不会改变。用元思维看待问题,就是回到这些"轻易不会改变的目的",思考其他的替代方法。

在东京市中心,如今很少能见到传统咖啡厅。如果把原因单纯地归结为"连锁咖啡店的迅速扩张",就很容易对"顾客被谁抢走了"这个问题得出错误的结论。

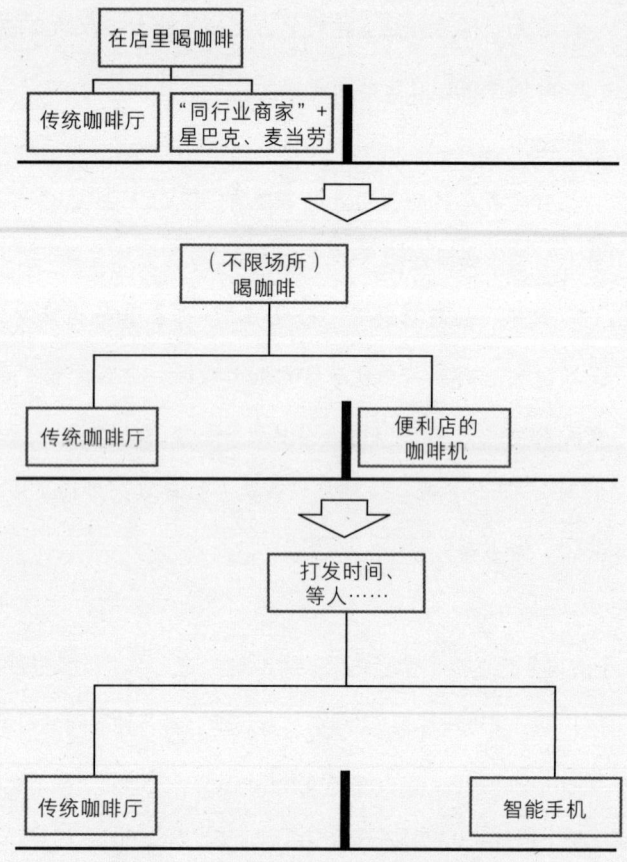

```
         ┌──────────────┐
         │  在店里喝咖啡  │
         └──────┬───────┘
        ┌──────┴──────┐
    ┌───────┐  ┌──────────────┐
    │传统咖啡厅│  │"同行业商家"+ │
    │        │  │星巴克、麦当劳 │
    └───────┘  └──────────────┘

              ▽

         ┌──────────────┐
         │（不限场所）   │
         │  喝咖啡       │
         └──────┬───────┘
        ┌──────┴──────┐
    ┌───────┐      ┌────────┐
    │传统咖啡厅│    │便利店的 │
    │        │    │咖啡机   │
    └───────┘      └────────┘

              ▽

         ┌──────────────┐
         │打发时间、     │
         │等人……        │
         └──────┬───────┘
        ┌──────┴──────┐
    ┌───────┐      ┌────────┐
    │传统咖啡厅│    │智能手机 │
    └───────┘      └────────┘
```

图 2-12 "传统咖啡厅"真正的竞争对手

可以发现，类似"消磨时光""等人""玩游戏""看报纸或杂志"，或者"与熟人聊天""（摊开资料）工作"等目的，现在大部分都可以通过智能手机等替代方法实现。

【练习题】

- 最近常有人说"汽车很难卖给年轻人"，请分析他们的"竞争对手"是什么。
- 随着时代的变迁，出现了哪些"实现相同目的的其他方法"。
- 购买汽车的上层目的是什么？是否有其他方法可以实现这个目的？（例如以年轻人"消费趋势"的变化为线索）

第3章

类推思维训练

什么是类推

继Why型思维之后，接下来介绍元思维的另一个核心内容——类推思维的基本方法。本章的目标是介绍最基本的思考方法开始，通过解读身边的结构，帮助读者掌握类推思维的主要概念。

简单地说，类推即"根据类似事物进行推论"，也就是向相似事物"借鉴"。

那么，类推思维与所谓"抄袭"，即单纯的模仿之间有哪些差异呢？

抄袭和类推的不同如图3-1所示。

	单纯的抄袭	类推
可视化程度	可见的	不可见的
表面化程度	表面的	根本的（本质的）
关系	具体产品的类似	关系或结构的类似
难易度	容易发现	不容易发现
具体性	具体的	抽象的

图 3-1 "抄袭"与"类推"的差异

抄袭和类推最大的差异是类似点的抽象程度不同。

抄袭的抽象程度比较低，是在具体层面上的模仿。具体的事物是肉眼可见的，拥有固定的形状。而运用类推则是利用看不见的、同类产品（而非具体产品）之间的"关系"和"结构"（复杂的关系）的类似。

抽象化思维是类推思维的基础。

抽象化是指从更高层面找到多个具体事物之间的共同点，并将其普遍化。以发现的共同点为基础，可以将乍看上去迥异的事物联系起来，从而产生新的创意。这里的"更高层面"就是本书介绍的"元"视点。

从这个角度来看抄袭与类推的差异，可以发现抄袭没有经过抽象化的过程，直接在具体层面进行模仿，而类推则是在抽象化之后的再次落实到具体事物上,从而实现了"抽象程度较高的模仿"。

能否实现丰富的创意,取决于能否从变化万千的世界中不断借鉴到新的灵感。有些人缺乏创意,是因为他只局限在狭窄的世界或行业内部,根据司空见惯的类似产品进行思考。尽可能把眼光"放长远",探究肉眼看不到的共同点,才有可能产生无穷的创意。

类推是"抽象化"+"具体化"

类推的过程由"抽象化"和"具体化"共同组成,只有这样才能"从更高层面进行借鉴"。抽象化的程度越高(即元视点越高),通用性就越强,才能看得越远。

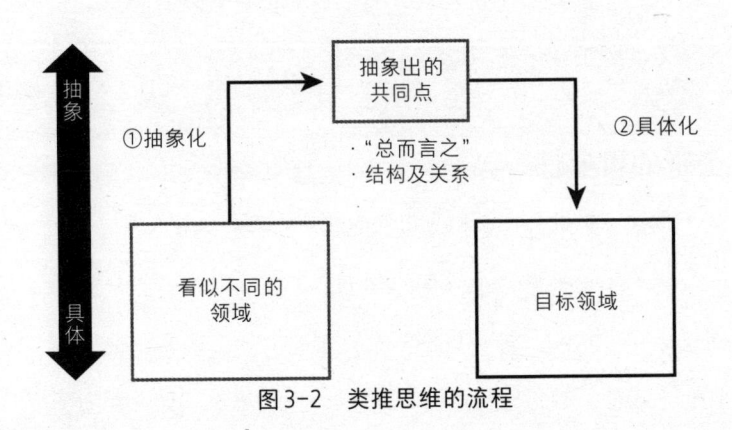

图3-2 类推思维的流程

"照搬照抄"的模仿则与此完全相反，它不经过从具体到抽象的过程，没有在头脑中进行充分思考，是"非元思维"的产物。

类推也可以说是"模式识别"的能力。所谓模式识别，就是从多个具体事物中提取出共同点（抽象化），以该共同点为基础，与过去的经验或知识结合起来，获得新领域的知识（具体化）。

通过这个方法，人们便可以根据过去有限的经验预测出即将发生的情况，无限扩展自己的知识领域。这就像即使是过去从来没有吃过、"第一次看到"的食物，我们也能大概"推测"出其味道如何（例如"红彤彤的菜应该会很辣"等）。

同样，即使是初次见面，我们也可以通过模式识别，根据对方的表情或语调等特征，判断出他的喜怒哀乐。

类推的重要性

那么，类推为什么如此重要呢？

因为类推能够产生不同寻常的"不连续"创意。从某种意义上说，这与"逻辑思维"是互相对立的。逻辑重视一致性和连续性，其目标是"没有跳跃"，而类推倒不如说是为了

"引发跳跃"而存在的。

类推思维在工作中的重要性主要体现在以下三个方面：

首先，类推思维有助于产生不受现状束缚的新创意。

前面已经说过，类推具有跳跃的特征，这也正是其威力所在。在信息通信技术飞速发展的现代商业环境中，通过类推思维形成的创意将会发挥重要作用。

当今的商业环境随时处于激烈的变化之中，这意味着行业中的成功事例能发挥作用的期限大大缩短了。在这种情况下，仅靠过去的经验或数据做出方向性决策，会带来落后于时代的风险。运用类推思维则可以帮助我们摆脱陈规旧制的束缚，找到新的成功法则。

环境变化还体现为信息通信技术的发展，应用信息通信技术领域的抽象商业模式获得广泛发展，带来了越来越多的超越行业界限的战略选项。其中比较有代表性的包括"定制模式""共享模式"以及"会费模式"等，后文还会详细介绍。这些抽象程度较高、具有普遍意义的战略选项，可以应用于不同行业，为类推思维提供了大显神通的好机会。

第二，类推思维的抽象化过程有助于人们理解新概念。例如面对前文提到的应用信息通信技术领域的商业模式，或者金融科技（Fintech）等比较抽象的概念，我们可以运用类推思维，根据已知的简单概念理解其含义。这就像是"打比方"，可以借助好懂的事例理解复杂事物。

第三，类推思维可以帮助我们向别人解释复杂事物。和第二点一样，有助于自己理解的方法在向别人解释时也同样可以发挥作用。

教育领域经常会用到类推。为了解释复杂艰深的概念，人们常会用身边的事物打比方，"比如在足球比赛中……"或者"例如我们做菜时……"等都是具体实例。

类推的"缺点"

那么类推思维又有哪些缺点或者"注意事项"呢？

只强调类推思维的优点似乎有点不太公平，下面再介绍一下它的缺点。在留意缺点的基础上灵活使用，才能真正发挥出其优势。

类推与逻辑处于截然相反的对立面，因此它们的优点和缺点其实也是互为表里的关系。正如前文所述，逻辑的最大特点是"严谨的联系"。符合逻辑，意味着任何人都能理解其含义，或者前后具有一贯的连续性，反过来说，这个特点也就意味着通过逻辑思维不可能产生"惊人的创意"。

类推与逻辑恰恰相反，"跳跃"既是它的缺点，又正是它的优点。

从某种意义上说，类推得出的结论常常比较"粗糙"或"粗略"。不过这个特性在预测未来或探索新产品概念时反而可以发挥重要作用。科学领域也时常用到类推，虽然最终确立法则时必须用事实或数据来验证假设，但在大胆假设的阶段却经常需要使用类推的方法。

这方面的事例不胜枚举。最广为人知的，比如牛顿从苹果落地的现象中获得启发，发现了万有引力定律等。此外还有广泛应用于冰箱和空调等产品中的"卡诺循环"，热力学领域的这一著名发现，据说就是卡诺受到水车的启发而提出的。还有物理学家卢瑟福发现原子结构，据说也是从太阳系的行星运行轨迹中获得的线索。

总之，类推的思维方法可以用来寻求"粗略"理解，考虑大体方向或者建立假设，而不适合需要从逻辑上进行严密证明的情况。

换句话说，类推是"间接证据"，而不是"直接证据"（这种说法本身也是类推）。也正因为如此，它才能帮助我们提出大胆的假设，产生（好的或坏的）"创意的跳跃"。

无论 A 和 B 如何"相似"，都不能确保 A 发生的情况 B 也"一定"会发生。但是通过分析和查找二者的共同点，可以提高"预测"的准确性。本书主张在这一立场的基础上，除了寻找类似之外，还要追问"为什么类似"，运用类推思维进行更进一步的推论。

接下来就通过例题来增强大家对类推思维的理解。

类推思维需要"意译"

> 【例题】
> ① 回想儿时学骑自行车的经验或教训，尽量具体地使用自行车专用的词汇或术语记录下来。
> ② 这些经验或教训是否可以应用于其他学习（例如英语、会计、烹调等）？

【解说】

这个练习有助于我们理解类推思维的含义。类推思维需要"翻译"的能力。下面来看"翻译"的具体含义。

其实"翻译"的思维方式本身也是类推思维的产物。例如把英语翻译成日语，就是将日语和英语这两种不同语言通过类似的"概念"联系在一起。从这一点来看，可以说翻译与类推具有相同的结构（因此可以用翻译来说明类推）。

那么接下来就用翻译的事例，介绍类推思维的技巧，以及怎样才是好的类推思维。

翻译可以分为直译和意译两种。直译是按照字面意思，根据原文逐字逐句地翻译。从抽象化的角度来看，直译的抽象程度比较低。

与直译相比，意译则更接近类推。意译是掌握一句话的"概念"，用看似完全不同的措辞翻译出来。

例如英语中的"silver bullet"，直译的话要翻译成"银子弹"，但其实这个词的真正含义是"能够轻松解决任何难题的工具"，因此意译过来应该是"特效药"。类推与此有相似之处。

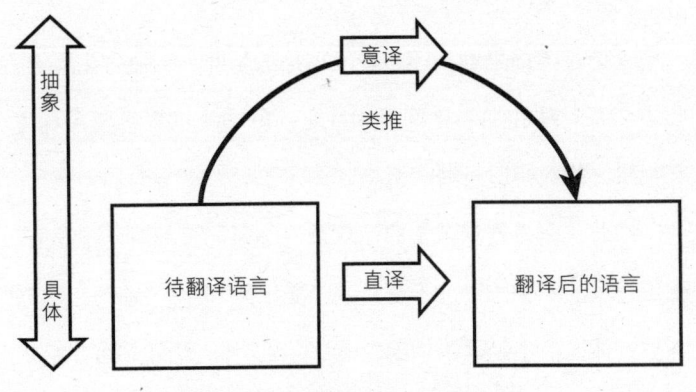

图3-3　将类推比喻为"翻译"

根据上述说明，我们再来看一下刚才的例题。首先关于①，大家想起了哪些学骑自行车的经验呢？例如：

- 爸爸帮忙扶着
- 先拆掉一个辅助轮，适应以后再拆另一个
- 先在平缓的下坡路练习，然后在平路练习，最后再到上坡路练习
- 车闸使用不当，摔了一跤

……

此处需要注意的是，要按照题目的要求，尽量描述具体情况。例如，不是"其他人"而是"父亲"，不是"其他工具"而是"辅助轮"等。

无论是类推思维，还是类推思维的基础——抽象化思维，都需要在具体和抽象之间多次往复。好的类推思维要在具体和抽象之间拥有适当的"距离"。

因此，作为创意源头的信息首先必须便于人们具体掌握。就自行车的例子来说，不能只说"支撑"，要说"辅助工具"，并且具体说清楚是"用辅助轮支撑"。这样人们才有可能提炼出辅助轮所特有的抽象特征，如"支撑左右平衡""最初依靠

两个辅助轮保持平衡,然后先拆掉一只辅助轮,最后才全部拆掉"等。

那么如果想把这个创意应用到英语学习中,"支撑左右平衡"对应着什么呢?我们可以把它翻译成"听和说"。再例如"分阶段拆掉辅助轮",可以翻译成根据个人当前学习的平衡情况(口语好一些还是听力好一些),分阶段地去除辅助这两个方面的工具或教材(例如不再使用字典等)。

相比之下,如果将学骑车的上述经验总结为更抽象一些的"借助辅助工具效果更好",虽然适用于所有学习,但由此得出的创意却由于过于普遍而"毫无新意"。

根据学骑自行车时"先在下坡路练习,然后在平路练习,最后再到上坡路练习"的经验,也可以产生新的创意,例如在学习英语练习听力时可以"先用 0.5 倍速度慢放,然后用正常速度播放,最后再以 2 倍的速度快放"等。

但是如果把这个经验总结成更抽象的"逐渐提高难易程度"等(不仅限于自行车)适用于任何事物的内容,虽然既能用于英语学习也能用于会计学习,但这只是最平常不过的想法。

最后,自行车前后各有一个车闸。前车闸效果明显,但是会突然制动,所以在骑车速度快时使用比较危险,而后车闸瞬间效果不如前车闸,但可以循序渐进、确实可靠地发挥作用。了解了自行车所持有的这个特点，例如在需要平息顾客愤怒情绪时，与其采用前车闸式的应对方式（立即退款、社长出面道歉等），不如先采取后车闸式应对措施（由工作人员倾听他的不满），待减慢速度之后再用前车闸使其彻底停下来。根据学骑自行车时的这些经验，通过类推便可以判断出这样做的效果会更好。

类推的过程与翻译一样，需要先适度地总结出"原文的特征"，尽量进行抽象，接下来再转化为创意所需的具体语言（例如将"上坡路"转化为"2倍速度快放"），而不是泛泛的一般性结论。从具体到抽象，再到具体的循环具有重要意义，与优秀的意译具有异曲同工之妙。

类推和猜谜

从"寻找共同点"这一点来看，日本传统的猜谜游戏对学习类推思维很有帮助。

请看下面的例题（摘自搞笑艺人根津俊弘作品）。

【例题】
① 谜面是"相扑"，谜底是"赏樱花"。它们的共同
    点是什么？

② 谜面是"没有重力",谜底是"吃饱了"。它们的共同点是什么?

③ 谜面是"日式煎饼",谜底是"减肥"。它们的共同点是什么?

【解说】

答案如下:

① 必须要占座("占座"与"关取"谐音,后者为日本十两以上相扑等级的总称,相扑选手成为关取以后才能参加正式的相扑比赛)

② 没有食欲("食欲"与"空气"谐音)

③ (体重)要减少才行("减少"与吃日式煎饼时必须用到的"铲子"谐音)

以上介绍了一些谜语,是因为猜谜过程与类推思维十分类似(这本身也属于"关系的类似")。

谜面是A,谜底是B,而二者的共同点C则是猜谜的关键。这与类推思维"寻找共同点"的模式相同。

"看似毫无关系"的A和B原本属于不同领域,但却可以通过共同点C建立联系。

通过这些例子,我们可以发现猜谜过程与类推思维相同,不过正如抄袭和类推思维一样,这二者之间也存在差异,即共同点的抽象程度有所不同。

【练习题1】

在头脑中模拟以上"程序",考虑下面的谜语。

① 谜面是"流感",谜底是"讨厌的球队的比赛",它们的共同点是什么?

② 谜面是"团扇",谜底是"信号灯",它们的共同点是什么?

(摘自《用猜谜来锻炼大脑》)

【练习题2】

自己编一个谜语,让别人来猜(与猜谜相比,自己编谜语难度更大。其过程与类推思维一样,有时是先找到"题材"和"共同点"中的一个,有时是二者同时在头脑中闪现出来。该练习有助于读者体会这一过程)。

类推思维的两种模式

类推思维大致有两种模式。

第一种模式是对"其他领域"的具体事物进行抽象,然后将其应用到目标领域,包括"从具体到抽象""从抽象到具体"的两个阶段(图3-4中的模式1);第二种模式是直接将抽象的"关键词"应用到目标领域,只有"从抽象到具体"的一个阶段(图3-4中的模式2)。

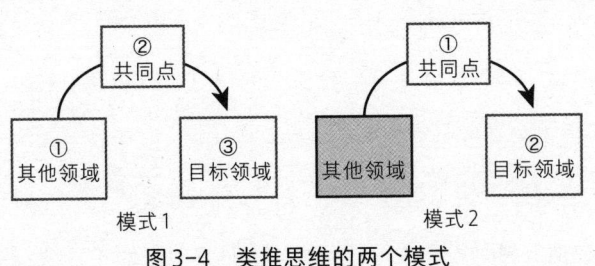

图3-4 类推思维的两个模式

本书将针对这两种模式分别进行训练。

第一种模式常常来源于日常生活中不经意的发现。例如在兴趣爱好或者工作之外的其他领域,通过抽象化提取出观察到的特点,将其与工作中的需求结合起来,从而产生新的创意。

在这种模式中,"抽象化"与"具体化"的过程并不是连续发生的。对日常生活中偶然遇到的事物进行抽象,"把各种特征储存在大脑里",这个过程与将特征具体应用到工作等目标领域、产生新创意的过程常常是互相独立、并行不悖的。它们会在某一瞬间匹配起来,也就是类推思维中"灵感的瞬间"。

例如2015年进入日本市场的在线影片租赁提供商Netflix。关于该公司在通过"包月制"DVD租赁业务发展起来的过程中,曾经有一个趣闻。据说创始人里德·哈斯廷斯曾经租了一张《阿波罗13号》的影碟,由于超过归还期限而不得不支付了一笔滞纳金,价格比买一张新碟还要贵。他对此感到"不满",并从"健身房"的包月收费制度中获得了启示。这正是类推思维的典型事例。

通过这个例子可以发现,对于"目标领域"的强烈需求(多数情况下是不满)往往可以成为通过类推思维产生创意的契机。

模式2是抽象和提取各种事物特点,将其应用到尚不具备该特点的其他领域。例如当前的市场趋势或商业模式都相当于这里的"特点"。

在运用类推思维进行创意的过程中,以上两种模式常是混杂在一起同时发生的。本书分别从各个模式中分解出一些基本动作加以训练,目的是帮助读者培养运用类推思维进行创意的能力。

根据"回转寿司"进行类推

接下来的训练是针对一个给定的题目,由此联想到其他事物。并不是所有事物都可以随意联系到一起,还必须区分"有发展的创意"和"没有发展的创意"。下面就以"回转寿司"为例,体验一下怎样才能产生"有发展的创意"。

"回转寿司"的餐厅运营模式十分独特,其中包含了很多可以运用类推思维进行模仿的特点。那么由此可以对其他领域产生哪些启示呢?接下来就通过例题来介绍如何应用类推思维进行创新。

【例题】

- 除了回转寿司之外,还有哪些领域可以采用"回转"的形式,思考"为什么"该事物可以采用这一形式,以及"其成功因素是什么"。
- 思考要点①:首先从类似的食物开始,思考该特点还可以用于哪些领域(食物之外的动物或人类)?
- 思考要点②:根据回转寿司的回转方式,还能抽象出哪些其他方式?

> - 思考要点③：根据回转寿司的成功经验，可以抽象出哪些"寿司特有"的特点？
> - 思考要点④：除了顾客（或者用户）的视点之外，从提供者（商家）的视点出发，还可以找到哪些成功经验？

【解说】

形成创意时，一般来说，可以从比较容易联想到的类似食品开始。不论能否找到与寿司的共同点，姑且把所有能想到的食物都罗列出来，然后再逐一分析，这也是运用类推思维的一个方法。

牛肉盖浇饭、咖喱饭、薯片、冰激凌、饭团、关东煮、烤肉、方便面、酒馆的下酒菜……在头脑中尝试进行多种"实验"，就会发现并非所有事物都像回转寿司一样适合"回转"。

那么哪些食品适合采用这种方式？为什么？"随便想到的"与类推思维的不同之处，在于前者没有经过总结成功经验这一过程。"总结成功经验"就是抽象的过程，是抽象化与类推之间的重要纽带。

接下来，我们考虑一下拥有哪些特点的食物才适合采用回转寿司的方式。

　　回转寿司最大的特点是"每份的分量比较少"，具有这个特点的食物比较适合采用回转的形式。如果一盘就能吃饱，也就不需要回转了。如果只是为了展示给顾客，并没有必要特意摆在传输带上回转。

　　其次我们再来考虑为什么每份分量少的食品更适合回转。答案是因为"可以品尝到多种美味"。此外这类食品还有一个特点，就是（像寿司一样）"种类丰富多样"。

　　可能有人会问种类多样有什么优势？因为每个人的口味各不相同。有人只想吃白色肉质的鱼类，有的人只想吃青色表面的鱼类……回转寿司最大的好处是可以同时满足很多人的口味。同样是寿司，寿司套餐却无法满足这个需求。

　　寿司店里设置吧台席位最初也是为了满足类似需求。与之相比，回转寿司的费用则更为实惠。其实，寿司本身成本并没有变低，但采用"机械化"的方法从其他方面节约了成本。

　　除了上面这几点，回转寿司还有一个吧台点餐模式所不具备的优势，即能够为顾客提供"偶然邂逅美食的机会"。有一些从来没有吃过的寿司，自己点餐时绝对不会点，但因为在回转台偶然遇到，抱着"也许好吃"的想法尝试一下，竟然是喜欢的口味。在"自己点餐"的模式下就不会经历到这种体验。

以上这些"成功经验"主要是从顾客的视点得出的，那么从商家的视点来看，又有哪些食物适合这种模式呢？

回转寿司的创意据说最初来源于工厂里的流水线，所以也是类推思维的产物。那么接下来就从"生产设备"的角度来看看回转寿司是如何成功的吧。

正如前文介绍的，回转寿司以更实惠的价格提供给顾客，因此必须在某种程度上实现生产过程的标准化。所以回转寿司还有一个特点，即将"订单生产"与"预估生产"完美地结合起来。

预计会有较大需求时（例如午餐时段等），可以通过"预估生产"，提前做好大量寿司放在回转带上；空闲时段则可以采用"订单生产"的方式。对于"保质期比较短"（库存风险大）的寿司来说，这正是最好的运营模式。

总而言之，无论从"受益者（客户）"的视点，还是从"提供者（商家）"的视点，都可以找到回转寿司的成功要素，这也是该形式能够得到广泛普及的原因。

以上总结了回转寿司的特点和成功经验。泰国的连锁"回转火锅店"基本也符合这些特点（主要是从客户视点来看），此外回转火锅店还包括一些其他创意。

为了体现火锅"最后由顾客亲自涮煮"的特点，回转火锅店在每位顾客的面前（吧台桌面上）都配有小型火锅。这个做法体现了应用类推思维的一个重要技巧，即在整体符合关键特点的基础上，还需要对目标产品下一些功夫，以便能够更好地发挥创意的优势。

结合前文介绍这些要点，思考以下练习题。

【练习题】

- "薯片等零食"适合这种方式吗？如果不适合的话，原因是什么？怎样才能使其适合这种方式？

- "蛋糕"适合这种方式吗？如果不适合的话，原因是什么？怎样才能使其适合这种方式（蛋糕为什么要采用"自取"的形式）？

- "比萨"适合这种方式吗？如果不适合的话，原因是什么？怎样才能使其适合这种方式？

- "关东煮"适合这种方式吗？如果不适合的话，原因是什么？怎样才能使其适合这种方式？

- "烤肉"适合这种方式吗？如果不适合的话，原因是什么？怎样才能使其适合这种方式？

进一步抽象之后，这种"将选项分成小份提供给顾客"的方式除了食物以外，还可以应用于哪些其他领域（例如人）？或者更进一步深入抽象之后，除了现实世界，能否在虚拟世界中找到适于"回转"的事物……不断深入思考，便可以从更遥远的领域获得创意。

结合前文介绍的成功经验，思考还有哪些可以"回转"的事物。

寻找"关系的类似"

前文介绍运用类推思维需要先进行抽象，而抽象化的基础是找到"关系的类似"。什么是"关系的类似"呢？下面的例题可以帮助我们掌握这个基础动作。

首先从"基础的基础"开始。类推（analogy）与"模拟"（analog）的词源相同，表示"比例"。模拟与数字的不同之处在于，数字采用的是"0或1"，或者（电子信号的）"开或关"等非白即黑的二元化信号，而模拟则是将所有信号都根据原本程度转换为不同等级的灰色。

简单地说，模拟就是按照"比例"进行转换，"比例"是关系的基础。根据"A变成B"，采用相同方式实现"C变成D"，这就是比例。这种关系正是类推思维的基础。

下面的例题有助于加深对"比例"的理解。

【例题】

① 哥哥：弟弟 = 姐姐：（ ）

② 日本：东京 = 俄罗斯：（ ）

③ 狗：哺乳类 = 金枪鱼：（ ）

④ 老鼠：猫 = 毒蛇：（ ）

【解说】

几乎所有人都能立即得出答案。①的答案是"妹妹"，②的答案是"莫斯科"。这里需要注意的是解题的过程，我们先在无意中找出了这些词语之间的"关系"，然后联想到符合这一关系的词语，填到括号中。

也就是说，在例题①中，比号前后的词语是"相同性别的兄弟姐妹关系"。例题②中体现的"关系"是，比号后面词语是前面词语的"首都"（或最大城市）。③的答案是"鱼类"，与比号前面词语之间具有将其普遍化的关系。④的答案是"獴"，与前面的词语具有"天敌"的关系。

以上例题是非常简单的"关系"，只涉及两个事物，是最基本的类型。复杂的关系（即结构）则是由简单关系组合构成的。

从"关系"的角度思考，便可以发现各种事物之间的类似，寻找关系的类似在类推思维中可以发挥重要作用。

例如"所有工作都大包大揽的上司"和"什么都不想，只会等指示的下属"之间的关系，从互为因果关系这一点来看，便与"鸡和蛋"具有关系的类似。

两者之间的关系还有很多其他基本模式，例如"包含关系""双赢关系""本末倒置""不可逆变化""整体和局部"等很多情况。

寻找"结构的类似"

前文介绍了两个词语之间的"关系"。对于更为复杂的、三个以上关系的组合，本书将其定义为"结构"。结构也是关系的一种，不过是更为复杂的关系组合。下面的例题经常会在猜谜竞赛或者IQ测试中出现，它们考察的是"解读结构的能力"。换句话说，IQ测试要考察被测试者进行抽象的能力。

第 3 章 类推思维训练 | 87

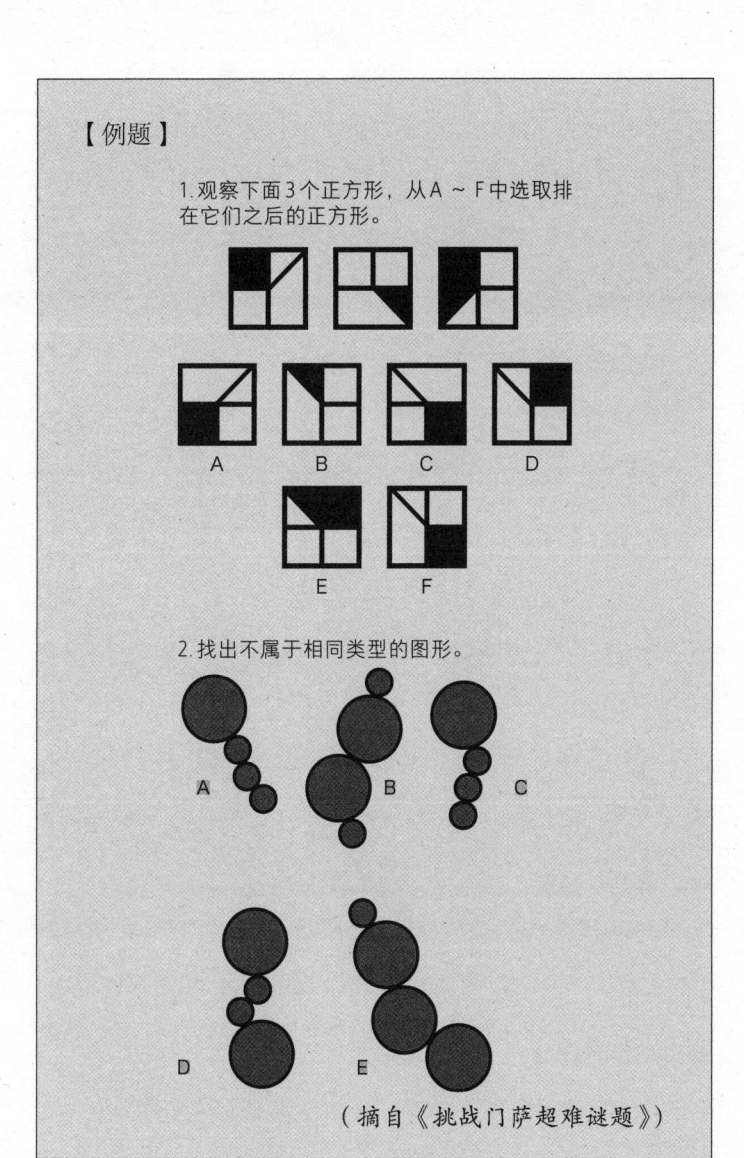

【例题】

1. 观察下面3个正方形，从A～F中选取排在它们之后的正方形。

2. 找出不属于相同类型的图形。

（摘自《挑战门萨超难谜题》）

首先看第一道例题。上面的3个正方形，从左至右依次为按顺时针方向旋转90度之后的图形。同时，阴影部分（黑色区域）也按着顺时针方向依次移向相邻的区域。按照这个规律，将第3个正方形"按顺时针方向旋转90度，并使阴影向相邻区域做顺时针方向移动"之后，可以发现在A～F之中，符合该条件的只有C。因此答案是C。

在第二道例题中，B与D、A与E分别是将大小圆圈互换之后的图案。只有C的，无论如何变换圆圈大小，都无法找到与它对应的图案。因此答案是C。

从这些例题可以发现，它们要考察的是"对关系的模式认知"能力。关系越复杂，问题的难度越高，这些复杂关系便是"结构"。

除了猜谜游戏之外，在日常生活或者工作当中，发现并总结"肉眼无法直接看到的关系或结构"，将其作为某种模式应用到其他领域，这个过程就是类推思维。采用元视点思考，便可以发现事物之间的"关系"或"结构"。

抽象化训练1

学了"基础动作"之后，接下来练习如何从日常生活或工作中找到"关系"或"结构"的共同点。

【例题】

　　"信号灯"和"特快列车停车站"的共同点是什么?

　　请从"关系"的角度进行思考。这里的"关系",不是指"信号灯"和"特快列车停车站"之间的关系,而是指它们各自领域中存在的关系(例如针对信号灯,可以考虑信号灯与哪些事物有关系)。

【解说】

　　从类推思维的角度来看,这道题的答案是"只会增加,不会减少"(增设信号灯或者车站很容易,相比之下,减少信号灯或车站则需要更大的决心)。

　　我们身边存在很多类似结构,其特点是不断慢慢增加,却不会轻易减少(这是从时间角度来看的关系)。公司里的规定,家用电器的功能,智能手机上的应用程序等,从这些事物中可以发现上述规律,了解这一规律,便可以在工作中预测出接下来会发生什么。

　　像这样"掌握结构背后的机制,对将来进行预测",是类推思维的最大优势。

这个过程中有一点很重要，即发现了某一规律后，不要只将其看作表面现象，而应该进一步思考"为什么"会存在这个规律（此时，元思维中的Why型思维可以发挥作用）。

思考"为什么增加容易，而减少却很难"，便可以发现这些事物的共同点。对能够带来便利的事物，人们都希望它设在"离自己较近的地方"，其好处很容易理解并且立即就能见到效果，所以增设时很少会遇到反对的声音，因此这类事物总是"自然而然地"不断增加。但是要减少能够带来便利的事物，就需要相当的"勇气"。虽然减少它们可以提高效率，但是与"万一减少之后出了问题"的担忧相比，其影响要小得多。因此如果没有相当坚定的决心，很多事物都会变得越来越多。

此外，人本身就具有"渴求拥有更多"的心理，要减少什么时总会遇到困难。其结果就是，很多东西尽管已经不太必要，却仍然不减反增。

类似的类推思维，可以帮助我们正确看待公司里"规则或核对表只增不减"的情况，在制定具体对策时为我们提供参考。

【练习题】

　　考虑身边有哪些"不断地增加，却很难减少"的事物。

抽象化训练 2

接下来考虑哪些结构的抽象化可以为工作带来创意。

> 【例题】
>
> "积分卡"和"密码"的共同点是什么？

与前面的例题一样，"积分卡"和"密码"的共同点是"不知不觉中变得越来越多，导致最后管理不过来"。除此之外，我们还可以再进一步思考，还有哪些特点是"积分卡"和"密码"所特有，而前一个例题中没有的呢？

【解说】

我们继续用这个例题解读身边的结构。"积分卡"和"密码"的类似之处与前面的例题一样，都是"不知不觉中越来越多"，而且还可能出现更严重的情况，如"弄不清哪个卡（密码）是用在哪里的"或者"想用时却找不到积分卡（想不起来密码）了"。

进一步思考，可以发现这种现象十分常见，并且还能发现"积分卡"和"密码"所特有的一个特点。

这个特点就是，"完全出自发行者的利益考虑，彻底忽视了使用者的方便"。发行者不断增加会员卡（或密码）的数量或种类，而使用者却蒙受了不便。设定密码时，我们常会被提示"不要使用与其他设备相同的密码"，这种做法完全是从发行者的视点出发的。

实际生活中，每个人的银行卡、社保卡、驾驶证以及相应的密码一般都会超过五六个。如果使用互联网、智能手机等，随随便便就会有十多个密码，有些人甚至要管理近百个密码。

发行者从自己的视点出发，为了防范风险，当然希望用户在不同场合分别设定不同的密码。这样做也可以说是为使用者负责，但是对使用者来说，谁都不可能记住不断增加的所有密码，更何况很多密码的设定规则也各不相同。

积分卡也一样。商家为了稳定客源，自然希望发行自己专属的积分卡。但如果所有商家都毫不节制地随意发行积分卡，不难想象，经常购物或在外就餐的人很快就得随身携带"一副扑克牌"般的会员卡出门了。

不是很多时还能勉强应付，但是随着数量的增加，积分卡或密码就逐渐变成了强加给使用者的东西。其他领域的类似现象也屡见不鲜。在这种背景下，最近出现了"统一管理过多物品"的趋势，从某种意义来说，网址和咨询网站等发展过程早已预示了这也是"必然路线"。

这道例题或许可以提供一些启示,供我们开发产品或服务,以及接触客户时参考。

> 【练习题】
>
> 思考身边还有哪些"只从发行者的角度考虑,会给用户造成负担"的事例。

向"自助餐"借鉴

接下来训练类推思维的另一项基本技能,即对抽象出来的特点再次进行具体化。

"自助餐"是一种很有特色的经营方式。下面就对西式自助餐的特点进行抽象,并运用类推思维形成新的创意。

> 【例题】
>
> ① 西式自助餐到底具有哪些特点?请列举出来。
> ② 这种方式为什么能够获得成功?这种方式对使用者(顾客)和提供者(商家)分别具有哪些优势。
> ③ 根据前两个问题的答案,思考还有哪些事物可以与"自助餐"采用相同的(统一价格、不限数量)方式。

【解说】

① 自助餐的特点大致如下:

- 统一价格
- 有一定的时间限制
- 有多种菜肴可供自由选择（质的要素）
- 可以尽情享用（量的要素）

② 第一，该方式对顾客来说的优势一目了然。

可以在喜欢的时间，吃到自己喜欢的食物，没有量的限制，而且不必介意价格（一次性结算）。

第二，对于商家来说，该方式主要具有以下优势:

- 不需要很多服务员
- 需求和供给不必完全同步，可以"预估生产"，因此能够均衡厨房的负担
- 对顾客来说具有（前文列举的）很多优势，能够吸引顾客

- 结算方便（价格统一更便于计算，而且也可以"提前"收钱）

③ 其他还有哪些事物可以"自助餐化"？

自助餐方式的主要特点是"统一价格，（在规定时间范围内）不限量"，那么我们可以暂不考虑"能否行得通"，只要尽可能多地列举出可能选项便可（正如在"回转寿司"例题中介绍的，类推思维的方法之一是先列出所有能想到的选项，然后再对照抽象出来的成功经验，判断其是否可行）。

首先考虑食物（例如除了比较受欢迎的蛋糕和比萨，还有袋装零食、方便面等），价格略贵一些的商品更能体现"不限量食用"的优势（因此可以排除袋装零食）。

对顾客来说，自助餐方式几乎没有不利因素，大部分食物都"可以接受"，所以问题主要是商家方面。对商家来说，配菜工序较多，烹饪比较费时，可以放置一定时间（不必立即食用）的菜品更适合采用这种方式（因此可以排除"拉面"）。

步骤一	步骤二	步骤三
自助餐有哪些特点？ …… …… ……	有哪些优点或缺点？ 对顾客（使用者）来说 …… …… 对商家（提供者）来说 …… ……	还可用于哪些事物？ （店铺、产品、服务等） …… …… ……

图 3-5 寻找哪些事物可以"自助餐化"的三个步骤

前面列举的都是食物，对其他产品来说，也可以通过某种程度上的"随意取用"来实现"自助餐化"。能否实现"自助餐化"，取决于该产品是否具备相应的特点，即"在一定程度上受到某种限制，使顾客可以随意取用，却又不会无限度地取用"。就像自助餐的背后存在"饭量"的约束一样，任意取用的方式也需要通过购物篮等方式设定上限，这样商家才有运作的可能。

进一步抽象化可以发现，采用该方式需要设定相应的机制。为了在售价统一的情况下，避免"顾客取用太多"的风险，需要确保"商家的成本也不会超过上限"。因此，一些"固定成本比例较大"的业务可能更适合自助餐化方式。

"固定成本比例较高"的代表性产业是软件行业。可能正是出于这一原因，最近"包月××元不限流量"等以云计算系统（固定成本比例极大）为基础的订阅服务越来越多。音乐的"无限畅听"、图书的"无限畅读"、影视的"无限观看"以及软件的"无限使用"等服务都属于这一类型。

再看有形服务方面，美国最近出现了（在指定航线区间内）包月乘坐飞机的服务。除此以外，在与航空公司同属固定成本比例较高的酒店行业，也有可能会出现类似形式的服务（当然需要限定只能在运转率较低的淡季使用）。

进一步借鉴"自助餐"

接下来看看我们还可以从哪些身边的事物获得创意。前面通过"谜面和谜底"的例题，介绍了在借鉴对象之间寻找共同点的方法。

这一节我们来看如何从日常生活中发现可以借鉴的对象。一般来说，类推思维可以源自任何领域，不过借鉴具有如下特点的领域可能会更容易有所收获。

- "特点鲜明"的领域（具有其他领域所没有的显著特点）
- "先进"领域
- "任何人都很容易理解"（不过距离工作等目标领域较

远)的日常生活（特别是在解释高难度事物时常被用来"打比方"的领域）

- 符合目标领域高抽象度要求的领域

深受大众喜爱的特色商品或服务、"当红"运动员或艺人等，都是满足上述条件的典型事例。

【练习题】

① 找出身边可以"××化"的事物。

- 特色（畅销）产品
- 有特色的公司或运动团队等
- 有特色的人（艺人、运动员，身边的人等）
- 有特色的商业模式（可以是类似"自助餐"等经过总结概括出来的"专用术语"）

……

② 尝试提炼这些事物的"特色"。

对折法则

人们的优点常常会成为缺点，缺点往往也会成为优点。

例如"慎重"的优点可能导致"优柔寡断","能迅速决策"的优点则可能导致"考虑不周","善于交际"的优点可能变成"八面玲珑","意志坚定"也可能是"缺乏协作精神"。

如图3-6所示,从某种意义上说,"两个极端之间只有一层纸的差异",很多场合都常能遇到类似情况。

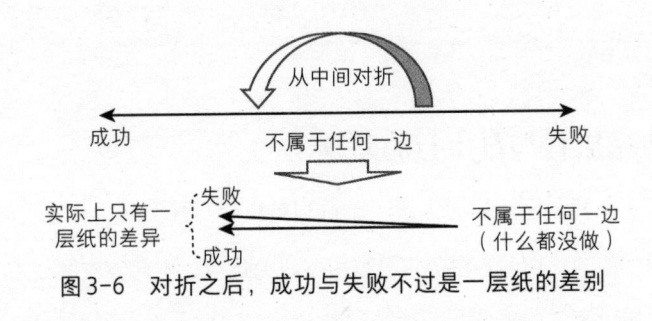

图3-6 对折之后,成功与失败不过是一层纸的差别

成功和失败常被视作对立的两极。不过如果将两端对折起来,成功和失败其实是"相同"的,与其相反的状态是"什么都没做"。同样,把"牢骚满腹的人"和"富有创意的人"对折起来的话,二者在"不满足于现状"这一点上是一致的,与其相对的状态是"满足于现状"。由此可以发现,"看上去很幸福的人"其实也很难成为有想法的人。而同样是"不满足于现状",选择向前努力还是向后退缩,则会导致截然不同的结果。

通过"对折"的方法可以发现,世界上有很多事情都"看似处于完全对立的两极,其实却只有一层纸的差别"。

【练习题】

　　请思考还有哪些情况符合"对折法则"（还有哪些"两个极端其实是一样的"情况）。

跟团旅行与自由行的差别

　　旅行通常可以分为跟团旅行和自由行两种形式,正像前一节介绍的,它们各自的特点既可能成为优点,也可能成为缺点。一般来说,似乎行程越自由玩得越开心,但其实自由行很难超出自己的思考范围,最终往往变成"只去了自己喜欢的地方"。

　　相反,跟团旅行看似自由度很低,但其中包含了一些自己计划时绝对不会去的地方,反而能获得新的发现。从这一点来看,跟团旅行有时更有助于开阔视野。充分运用好两个极端,有时可以帮助我们打开思考或行动的视野。

　　像这样,"自己可以随意选择"和"必须接受整套项目"这两种情况之间的关系,也可以应用到其他各领域。

　　例如餐厅里的"单点"和"套餐"之间也具有类似关系。

工作当中，也可以对研修项目等设置类似的选项。

两种情况的优点和缺点如图3-7所示。为了充分发挥不同方式的优势，我们可以在各领域尝试，在对理应采用"自由选择"方式时改为采用"套餐"方式，或者反过来。

或者也可以采用"半套餐"方式。例如在旅游时设定可选行程（主要项目是固定的，其他项目可以追加选择），或者将套餐的冷盘、主菜（鱼类或肉类）、甜点、酒水都设为自由选择，而非默认菜品。

	自由选择	套餐
决定者	自己	别人
自由度	高	低
选择对象	都是自己知道的	包含自己不知道的
不想要的	几乎没有	可能有
是否有"遗憾"	没有	有
是否有"惊喜"	没有	有
必然还是偶然	必然	偶然
是否有新发现	没有	有

图3-7 "自由选择"与"套餐"的比较

就制造业而言，定制生产与预估生产之间也存在与此相似的差异。例如计算机领域中针对某些零件进行定制的"半定制生产类型"就完全符合这一模式。

> 【练习题】
> ① 寻找身边的"自由选择型"产品和"套餐型"产品，分别找出其优点和缺点。
> ② 思考这两种类型是否可以互换，互换会带来哪些优势，缺点应该如何解决？
> ③ 思考这些产品是否可以转换为"半套餐"类型？

向生物借鉴

类推思维需要"借鉴"，一般来看应该在更先进的领域中寻找借鉴的对象。不过这并不意味着它必须在所有方面都领先，只要在某个方面具有先进的特点，任何事物都可以成为借鉴的对象。

接下来看看如何"向生物借鉴"。

从生物获得创意的做法已经成为一个专门领域，叫作"生物模仿技术"或者"仿生学"。

比较著名的例子包括：新干线列车"脸部"的形状借鉴了翠鸟的喙（利用翠鸟捕食时将喙从空中扎进水面，几乎不会在水面形成波纹的特点）；此外，新干线为了将空气阻力降到最低,还借鉴了猫头鹰飞行时羽毛的形状;魔术贴(粘扣带)的设计也借鉴了苍耳(能在草丛等处粘在毛衣上)的特性。

与动物和植物相比,人类拥有高度发达的智慧,人类世界看上去更为先进,但其实动物和植物历经数万年的悠久历史发展至今,其中也蕴藏着很多值得我们学习的宝藏。

例如,"捕蝇草"就会使用极为特别的方法探查是否有苍蝇掉进自己的"陷阱"。

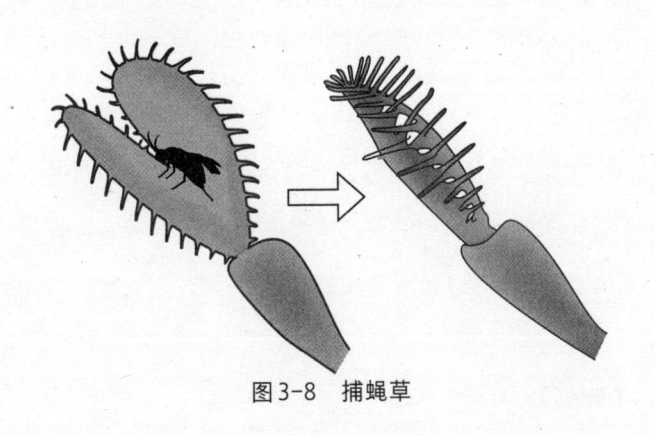

图 3-8 捕蝇草

对捕蝇草来说,"关闭陷阱"的动作需要消耗很大能量,万一在没有苍蝇掉进来时出现"误操作"的情况,就会蒙受巨大损失。

因此,为了避免类似情况,捕蝇草要通过以下"原理"

检测是否有苍蝇进来。

检测苍蝇是否进入陷阱的是一个类似"传感器"的细线形物体，它位于陷阱内部。如果有苍蝇触碰到这个传感器，捕蝇草便能知道苍蝇进到陷阱里了。

然后接下来才是重点，捕蝇草只感应到一次触碰并不会闭合（因为不允许误操作），只有在一定时间之内（例如20秒）再次感应到触碰时才会闭合陷阱。

【例题】

　　从捕蝇草的习性中能学到哪些可用于其他领域的特点（此处最重要的是如何进行抽象化，如何将这个特点一般化。思考"这意味着什么"，并在此基础上考虑如何应用到其他领域）？

【解说】

捕蝇草的习性可以总结为以下两点：

- 感应到第二次刺激后才做出反应，而不是立即反应
- 两次刺激必须在较短时间内连续出现

捕蝇草的哪些特性导致了它的上述习性，弄清楚这一点

非常重要。就像我们分析回转寿司一样，首先必须概括出捕蝇草的特征。

捕蝇草的捕蝇功能具有以下特征：

- 及时反应意义重大，而且不允许有"误操作"
- 过于慎重会导致错过宝贵时机

为了更好地发挥作用，捕蝇草的动作"原理"必须符合前面的两个特征，这一点可以为我们提供参考。

在安全领域，火灾感应器等的动作原理都是与捕蝇草满足两个条件才能发挥作用的原理相同。

除此以外，还有很多产品或服务，在发出"警报"或者启动锁定功能时，也需要满足类似条件。

看到或听说动植物的这些不同寻常的习性时，我们可以从抽象化的视角思考"其背后的原理"，进一步探索能否将其用于其他领域。

借鉴"顺序"或"流程"

在类推思维所需要的"结构的类似"当中，最具代表性的是"顺序"。将彼此独立的事物放到整体流程中分析，便可以发现某些"共同模式"。

很多商业人士喜欢学习日本历史或世界历史，这也是其原因之一。

战国时期或幕府末期等社会剧烈变动的时代在很多方面都具有共同点。例如在变革时期，常会出现"竖子成名"的现象，而在别具一格的人才实现了变革之后，则往往是由擅长"制定机制"的协调型领导者营造稳定的时代。

欣赏戏剧或电影剧本，或者小说情节时，着眼于整体"流程"，而不是只关注具体细节，就有可能发现其中的模式，从而领会到该情节设定所特有的效果。

彼得·福克主演的经典系列电视剧《神探可伦坡》与其他推理片有很多本质上的差异。从故事内容来看，其他推理作品的目的是"找出罪犯（及其动机）"，而可伦坡则偏重"与罪犯展开心理战"。从"流程"的角度来看，可伦坡最大的特点在于每一集都以罪犯作案的镜头开始（也就是说，观众们从一开始就知道罪犯是谁）。

因采用相同结构而闻名的电视剧还有《古畑任三郎》。除了与罪犯展开心理战以及主演人设刻画等方面的类似之外，该剧也同样采用了情节展开方法。因此，《古畑任三郎》便与其他推理作品产生了一个最大的不同,那么您知道是什么吗?

每一集《古畑任三郎》都请一位大腕演员来客串扮演罪犯,而其他推理片绝对做不到这一点。原因很简单,因为其他推理题材的电视剧都是以"找到罪犯"为最大乐趣,而这样的做法相当于一开始就告诉了观众罪犯是谁。

《神探可伦坡》也邀请了很多知名演员扮演罪犯,可见"顺序"还可以与其他特点结合起来,在情节展开的过程中发挥重要作用。

小说《爱的成人式》在情节构成方面的崭新尝试受到了广泛关注,并被拍成了电影。为了防止"剧透",我就不详细介绍内容了。总之,我们遇到"结构"上的新趋势时,可以尝试在其他领域的"顺序"或"结构"上加以应用,这正是类推思维的创意方式。

"示意图"有助于我们掌握整体流程。只关注单独的具体事物很难发现整体流程,画出简单的示意图(也就是从元视点进行抽象化),则可以呈现出抽象的整体流程。

例如,我们可以用图3-9的示意图来表示NHK红白歌会的流程(大家能看出来图中的黑色和白色箭头以及竖框都代表什么吗）。

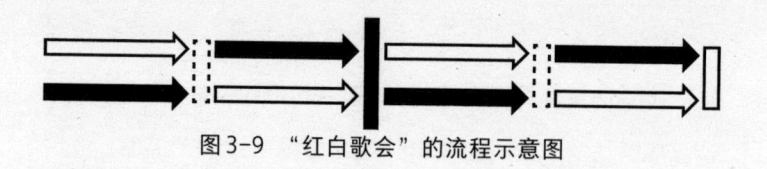

图 3-9 "红白歌会"的流程示意图

这张示意图的关键在于，"在一定的时间节点处插入衔接环节，之后改变红白两队的出场次序"。进一步抽象，还可以把"两队"扩展为"多队"，因此这个流程也可以用于有三组以上团队参加的活动。

这种安排有两个好处，一是能够"均衡先出场和后出场的各种有利和不利因素"，另一个好处是能够"增添变化，防止活动过于单调"。像这样，用类推思维进行抽象可以发现，"足球的上下半场"也与红白歌会具有相同的结构。

看电影、读小说，或者玩游戏之后，尝试总结出"流程"，想想"能否用于其他领域"，可以训练我们的类推思维。

"其他领域"在工作中可以指组织活动或撰写资料时的结构，也可以指展示或面试的顺序。如果进一步将"时间顺序"抽象为"物理顺序"，那么这个创意也可以用于"座位的排列顺序"等。

【练习题】

　　画出结婚仪式的"流程"示意图(包括其中的重要活动)。思考这个"流程"能否用于其他领域,或者其他领域的流程能否用于结婚仪式。

"以人为镜"进行类推

接下来这一节首先请大家思考一个简单的问题。

【例题】

　　什么样的人才能"收到很多新年贺卡"?

【解说】

　　除了什么都不做也可以收到很多新年贺卡的演艺名人等人之外,一般来说,只有"寄出很多贺卡"的人才能"收到很多贺卡"。

　　无论最初是由哪方开始的,一般大家都会给前一年或者这一年寄来贺卡的人回寄贺卡,所以寄出很多贺卡的人自然也会收到很多贺卡(最近有很多人用邮件或信息代替纸质明信片，这些都统称为"贺卡"）。

从某种意义上说，这是最自然不过的现象，所以如果有人叹息"没有收到贺卡"，大家马上都会想到"那是因为你没给别人寄吧"。

人与人之间的沟通也是同样的道理，然而很多人却没有意识到这一点。

例如在工作中，在我们身边，常会遇到这样的人：

- 叹息"下属不来向我汇报工作"的上司
- 抱怨"这件事没有经过我同意"的管理者

请思考一下，"贺卡法则"能否适用于其他领域。

【例题】

思考一下，在工作或生活中，还有哪些情况符合"贺卡法则"？
- 关于沟通方面的障碍
- 关于"上司与下属""老师与学生""父母与孩子"之间的关系

【解说】

怎么样？找到思路了吗？

沟通的问题（与贺卡一样）大多是"双向"的，而不是由于某一方造成的。

- 下属之所以"不来汇报"，是因为汇报也不会得到积极反馈（除了"继续努力"或者"好好干"之外）
- 上司说"差不多就可以，先把估算书交给我"，下属却迟迟没有提交估算书，是因为他以前曾经提交过"差不多"的估算书，却导致接下来的局面自己完全无法掌控
- 下属之所以"不会自己动脑思考"，是因为无论提出什么意见，最终都是上司擅自决定

这些事例表明，类推思维可以拥有无穷的广度和深度。

更进一步抽象来看，（除了贺卡以外）"别人对待自己的方式取决于自己对待别人的方式"，而且除了个人之间，不同年代的人们之间也存在同样的问题。我们可以注意到，造就了"不靠谱的食草系年轻一代"的，正是为此感慨叹息的年长一辈。

这个例子恰如其分地证明了类推思维可以用于日常生活中所有场景。

【练习题】

　　试着思考在其他方面，是否也存在自己对待别人的方式最终又反过来影响自己的情况。

"职业谜语"与类推思维

正如前文介绍的，猜谜的流程与类推思维一样，都是"在看似不同的事物之间寻找共同点"。谜语大多需要通过谐音寻找共同点，而类推思维则需要通过抽象寻找共同点。

接下来，我们便通过"猜谜"的方式，来练习在看似不同的事物之间寻找抽象化后的共同点。这些谜语都与职业有关，看似不同的职业之间，其实却存在很多抽象层面上的类似点。了解了这一点，便可以以更开阔的视野来思考工作上的问题解决方法，或者思考自己适合从事哪些职业。

接下来看几个简单的例题。

> 【例题】
>
> 　　财务工作与体育竞赛中的裁判工作具有哪些共同点？（这个"职业谜语"相当于"谜面是财务工作，谜底是体育竞赛中的裁判工作。他们的共同点是什么？"）

【解说】

　　跟前文介绍的类推思维的方法一样，寻找共同点的关键也是要找到"二者所特有的、而不适合于其他事物的特点"。

　　因此，"财务和裁判都是以人为对象的工作"这个特点就不是我们所要寻找的共同点，因为它也适用于其他几乎所有的工作。

　　财务工作与裁判工作的共同点是"不出错是理所当然的"，做得再好也不会得到称赞，"只有出现失误时才会受到关注"。因为这两种工作一旦出错就会遭到彻底追查。

　　类似的"防守"类工作存在于各行各业。例如制造业的品质管理部门，相当于产品上市前的"关卡"，在公司里的作用与"油门"相比，可能更接近于"刹车"。

　　与"进攻"和"防守"，或者"油门"和"刹车"类似的关系普遍存在于各领域，在工作遇到难题停滞不前时，除了跟工作上的伙伴商量，还可以跟"其他领域"里从事类似工作的人交流，这样也许效果会更好。工作上的伙伴能够解决随时遇到的问题，但陷入困境停滞不前时，我们经常可以从比较远的领域找到解决方法。

还有很多类似的情况。接下来再做一些例题。

【例题】
"演员、播音员和翻译的共同点是什么？"

【解说】
三者的共同点是都有别人写好的"剧本"。

这里所说的"剧本"就是抽象化的产物。

演员使用的剧本相当于播音员使用的讲稿。这些职业不能完全按照自己的喜好来"演绎"，因此只能在规定的范围之内通过不同的"演技"体现自己的个性。

再进一步抽象，翻译其实也符合这个特点。翻译有笔译、交替翻译和同声传译之分，不过都必须依照广义的"剧本"翻译，与演员和播音员有类似之处。

按照这种模式进一步抽象，可以将所有职业分为"内容型"和"流程型"两大类。内容型职业指创造剧本的一方，而流程型职业则是演绎剧本的一方（词作家及作曲家与歌手之间也属于同样的关系）。如果将内容看作 What，那么流程也可以说是 How。

像这样，从抽象出来的特征来看，可以发现看似不同的职业之间其实也有类似之处。

- "组织的影响大，还是个人的影响大"

医生、咨询师、理发师等职业属于后者，即个人的影响要更大一些。对这些职业来说，顾客虽然是在组织中接受服务，但实际上却是与具体提供服务的个人关系更为密切，所以当个人换到其他组织、团体或者店铺时，顾客也会随之转移到新地方。因此管理类似组织时，需要采用与组织影响更大的职业不同的管理方法（从业者都有较强的个人主张，不适于自上而下式的管理方式等）。

- "布置舞台的一方，和使用舞台演出的一方"

演唱会的主办方与歌手之间的这种关系比较具有代表性，可以更进一步推广到活动主办方与特邀嘉宾之间的关系。一般情况下，闪亮登场、万众瞩目的是后者，但其实这一领域的竞争十分激烈和残酷，境遇起伏也比较大。往往是前者

"看上去毫不引人注目,却能获得可观的稳定收入",这就是类似关系的共同特点。

【练习题】

　　请从各行各业中找出"流程型"职业和"内容型"职业。

第 4 章

工作中的类推思维

前面章节以身边事物为例，介绍了类推思维的概念。在工作中，类推思维同样也可以发挥重要作用。

正如前文介绍的，在工作中运用类推思维有以下优势：

- 能够创造出新产品或产生新创意
- 能够尽快掌握趋势，在此基础上开展业务

类推思维可以帮助我们获得崭新创意，并预测到未来的趋势。尤其是在预测将来方面，类推思维可以发挥极为重要的作用。

本章整理了在工作中应用类推思维的关键要点，并以此为基础，通过在各种场合应用类推思维的例题，帮助读者掌

握类推思维的实践方法。

报纸和百科全书的共同点是什么

首先就从下面这个问题开始吧。

> 【例题】
>
> "报纸"和"百科全书"的共同点是什么？

【解说】

报纸和百科全书都面临着"纸质版本即将被电子版取代"的问题，这样回答当然也对，不过如果对这个现象背后的问题进行深入思考，便会发现它们的共同点是"以前都需要付费，现在却正在逐渐变为免费资源"（新闻可以通过互联网了解，百科全书也正在被维基百科等网络信息取代）。

关于需要抽象到何种程度，有两个要点可以参考。一个是前文介绍的"尽量找出只存在于两者之间的共同点"，另一个是"通过一般化提高其通用性，尽量扩大应用范围"。这两个思考方向截然相反，所以确定适当的抽象程度也有一些难度。其实这两点都不是绝对标准，而且它们之间也具有一个共同点，就是尽可能广泛地解决工作中特有的难题。

那么，这个例题能带给我们哪些启示呢？

【练习题1】

- 还有哪些业务"从收费变成了免费"？
- 今后还有哪些业务会"从收费变成免费"？
- 具有这一趋势的业务具有哪些特征？根据报纸和百科全书的事例，可以预测到在"从收费变成免费"之后还会出现哪些现象？

【练习题2】

　　"矿泉水"和"电视节目"的共同点是什么？

（与前一道例题有关）

【练习题3】

- "NHK"和"有线电视"的共同点是什么？（一些电视节目和广播可以免费观看或收听，是因为它们采用了广告模式。而"NHK"和"有线电视"均采用非广告模式，因此需要按月交纳使用费）
- 还有哪些产品或服务中同时存在广告模式和使用费模式？

复印机和电梯的共同点是什么

接下来再看这个问题。

线索是从时间的角度考虑其销售模式方面的特点。

【例题】

"复印机"和"电梯"的共同点是什么？

【解说】

复印机和电梯都是以较低价格销售产品本身，之后依靠耗材或维修保养服务来获得收益。这种商业模式叫作"刀片+刀架模式"或者"钓鱼模式"。剃须刀厂商吉列公司因"低价销售刀架，通过刀片营利"的策略而闻名。

我们接下来思考一下这种模式有哪些优缺点及风险，需要具备哪些条件，以及还有哪些其他领域的产品或服务也可以应用这种模式。

【例题】

- 这种商业模式获得成功的主要原因是什么？(具有哪些性质的产品或服务才适用这一模式)

- 请在此基础上思考为什么"汽车和汽油"不适合采用这种模式？

【解说】

结合复印机或电梯等具体事例，思考具有哪些特点的产品才适合采用这种模式。

首先可以肯定的是，"一次性完成销售"的产品无法采用这种模式，必须是购买"主体"部分之后，还需要多次（而且最好是定期）"追加购买"的产品才可以。复印机等产品需要购买耗材（墨盒），电梯除了需要购买零部件等耗材之外，还需要定期维护等服务。

第二个问题中提到的"汽车和汽油"，也满足这一条件，但是并不能采用"刀片+刀架模式"。这是因为无论在哪里购买汽油都没有太大区别，价格竞争十分激烈，这一点不如说与"通过耗材获利"的商业模式恰恰相反。

对比两种情况的不同之处可以发现，确保该商业模式成立还有一个极为重要的条件。即产品的"本体"与"耗材"之间必须存在特殊关系，即只有使用指定的耗材（也就是说顾客没有其他选项），本体才能正常工作。

这才是能够"以较高价格销售"（即确保较高收益）的根本原因。

保修和维护也同样。不同厂商所积累的维护技术和运作方法各不相同，其他公司很难取而代之。

因此，能否打造出"顾客没有其他选项"的局面，(从产品或服务提供者方面来看)便成为成功的关键。

管理学中将这种情况称为"转换成本较高"。这种战略可以增加其他厂商参与市场的难度，也可以防止顾客"移情别恋"。设计特殊规格的产品界面(无法使用其他厂商生产的耗材)，或者像电梯行业等一样，积累自己特有的技术经验来形成知识壁垒，都可以为对手参与竞争构筑障碍。

从转换成本的角度设计出界面特殊的耗材或零配件，这个战略也完全可以用于其他产品或服务。

观察各行业动向可以发现，不同的产品或服务由于采用了相同的收益模式，有时会呈现出一些相同的趋势。例如最近各行业都出现了一批第三方企业，他们不销售产品本体，只提供"后端业务"(耗材或维护服务)。从营利模式的角度来看，这些企业认为"参与'最肥的业务'便能获得高额利润"，也可以说是一种必然结果。

这一趋势下，"正牌"厂家不得不面临新的课题，即如何提高耗材和维护服务的特殊性，为对手参与市场增加难度。

因此，如果正在考虑以这种模式提供产品或服务，可以运用类推思维学习先进行业的经验，提前制定预防策略。

【练习题】

- 思考还有哪些产品或服务适合"刀片+刀架模式",或者今后有可能采用这种模式?
- 如果不满足前面介绍的条件,能否对现有产品加以改进,从而实现"刀片+刀架模式"?(参考从矿泉水到饮水机,或者从速溶咖啡到咖啡机等产品的变化过程)

出租车和土特产商店的共同点是什么

前面介绍了收费机制和销售模式,接下来再看看如何从其他角度运用类推思维模式。

【例题】

出租车和土特产商店的共同点是什么?(线索是"顾客构成")

【解说】

从"结构"的角度运用类推思维时,有一个十分重要的着眼点，即"构成比例"。构成比例体现了构成要素之间的关系，寻找构成比例相似的事物，也可以实现类推思维。

出租车和土特产商店的共同点是，"绝大多数顾客都是过路客"。

再次乘坐之前坐过的出租车，或者再次造访旅行时曾经去过的土特产商店，这样的情况几乎不会发生。

说到这类行业的成功经验，与提高服务或产品质量，增加回头客相比，吸引更多的过路客可能要更重要。因此类似行业的成功经验应该是"地址"（对出租车来说，就是在哪里等客或者走什么路线能遇到顾客）和"大力宣传"。也可以反过来看，"正因为这个行业主要依靠过路客，所以才更要吸引回头客"，实际上也确实有一些企业依靠这个策略取得了成功。

另一方面，对以回头客为主的行业来说，依靠过分夸张的宣传提高顾客的期待，反而有可能导致顾客失望，所以尽量降低顾客期待的战略可能效果会更好。

像这样，关注新老顾客的构成比例，便可以从完全不同的行业或产品中学到重要的经验。

【练习题】

- 有哪些以"回头客"为主的行业,其共同的成功经验是什么。
- 对比"几乎全是过路客"的行业,思考两者有哪些不同的成功经验。

遥控器和数码相机的共同点是什么

【例题】

"(电视机的)遥控器"和"数码相机"的共同点是什么?

【解说】

几乎所有人家里都有多个电视或DVD播放机的遥控器。这些遥控器有一个共同特点:"按键很多,但是经常用到的很少"。这也体现了前一章介绍的"越来越多"的趋势。同样,数码相机的像素也是"越来越多(高)"。不过除此之外,我们还可以在二者之间找到其他共同点。

刚开始，遥控器的按键和数码相机的像素确实"越多越好"，这是电子设备等复杂产品的共同点。最初人们认为增加新的功能可以使用户用起来更方便，因此大家都喜欢新功能。不过在人们对新功能的需求达到饱和之后，继续增加就会导致"没用的功能越来越多"。手机也具有这个倾向。

几乎所有产品在技术发展过程中都会经历这个阶段。其基本模式如图4-1所示。

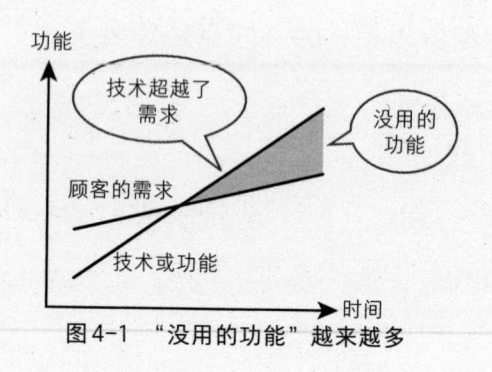

图4-1 "没用的功能"越来越多

在黎明期，技术者努力增强功能来满足用户的需求，而这种成功体验过于强烈，所以即使已经超出了用户需要的范围，他们也很难放弃"用技术给用户带来惊喜"的想法。

几乎所有的产品或服务以及所有行业都存在这种现象，然而局限在行业内部的人却很难意识到这一点。所谓的"匠人的执着"与此也有类似之处。

这样的"执着"不仅与用户满意度无关,而且如果不加说明,外行人根本看不出其中的不同。局限在领域内部的"匠心"其实并不能为用户或顾客提供优质服务,而只是更重视"竞争者的看法"和"自我满足"。

决定产品或服务能否成功的因素已经由技术变为"用户使用的便利程度"。但是出于之前的"成功体验"或者"执着",有些人却仍然花费不必要的成本去追求"高品质",类似现象比比皆是。

除了销售给顾客的产品或服务中存在这种情况之外,公司内部也常会有人对资料或演示内容过度执着。仅仅因为是"给高管看的资料",就在细枝末节上花费太多不必要的时间,可以说这是同样的问题。

大家所属的组织或者行业中也存在类似的产品或工作吗?

【练习题】

"超过某个点之后,即使继续增加功能,对用户来说不再具有意义",这种情况还有哪些例子?

"打破常识"的类推思维

> 【例题】
>
> "水"和"安全"的共同点是什么？

【解说】

几十年前，日本有一句俗话："水和安全都是免费的"，人们对此都毫不怀疑。不过矿泉水的普及打破了"水是免费的"这个常识。同样（非常遗憾），"安全是免费的"这个常识也被打破，家庭安全、网络安全等相关服务作为全新产业已经颇具规模。

这两个现象有许多值得我们思考的地方。首先，人们都习以为常的"常识"，有时很快就变得不再是常识了。之后回想，人们甚至还会觉得不可思议："怎么会有那样的常识呢"。

其次，某些特定地区或行业的常识更容易发生改变。"水是免费的"这个常识的变化就是一个典型事例。

例如，如果五十年前欧洲的饮料公司来日本做市场调研，他们向"日本通"（或者普通日本人）了解情况，那么答案很可能是"日本人不会花钱买水喝"。

"行业常识"也是如此。要创造出新的创意，就一定要"打破常识"，这句话在很多场合都能看见，但在现实中却仍旧很难做到。其中的一个原因就是，打破常识的创意常常会遭到"行家"的阻挠。

比尔·盖茨曾经说过，"如果你的想法没有遭到别人的嘲笑，它就不能算作一个新创意"。简单地说，"打破常识"就有可能遭到嘲笑，例题中的两个事例也证明了这一点。

跟"行家"交流时，常会遇到这种情况。特别是精通当地或一线情况的专家，他们的言论往往具有这种倾向。因为对这些（例如特定地区的）行家来说，他们的存在意义就在于了解该地区的"特殊性"。因此他们常会断言"（某个创意）在这个国家行不通"或者"一线不能这样做"。这种关注特殊性的做法在某种意义上是正确的，但情况也很有可能发生改变。

类似事例还有很多，它们都有一个共同特点，即在"颠覆式革新"问世之初，原本在该领域占据主流地位的人常会用"那种东西根本不是……"等形式的论断加以否定。

然而正如"遥控器和数码相机"的例子一样，很多行家的意见反而会降低产品的品质或广义上的安全性。行家的出发点已经超过了必要的程度。

面对互联网，有人说"这不属于通讯方式"；面对数码相机，有人说"这不属于照相机"；面对电子书，有人说"这不属于书"；或者面对网络游戏，又有人说"这不属于游戏"。类似情况真是无穷无尽。

【练习题】

- 现在有哪些"常识"将来可能会变得不再是常识？（思考一些可能会遭到周围人嘲笑的情况，例如"周末不是周六和周日"或者"一天不是24小时"等）。

- 有哪些产品或服务被批判"那种东西根本不是……"，或者有哪些产品或服务已经逐渐摆脱了这种状态？（线索：想象优步和爱彼迎等服务曾受到哪些批评）。

连接不同行业的类推思维

前面练习了不同产品之间的"类推思维"，接下来再看看不同行业之间的情况。很多相差甚远的行业之间也会存在相似之处。

在这里我们需要关注抽象的共同点。

一般来说，行业由经营相同产品或服务的企业构成。汽车行业都与汽车相关，电子行业都与电子产品相关。

大多数商务人士以"行业"为单位，逐渐积累起各种常识或规则。所以常会听到有人说"我们这个行业……"。

不过正如前文论述的，从某种意义上来说，以行业为单位的思维方式往往会把视野禁锢在极为狭小的范围里。

如果能够摆脱产品或服务等"非元视点"，从抽象之后的元视点来观察和思考，就会发现一个完全不同的"行业地图"。抽象化的过程就是总结产品或服务获得成功的经验（如"增加回头客""以最快的速度提供服务""迅速处理顾客投诉"等），可以通过以下视点找到切入点。

顾客方面：

- 以企业顾客为主还是以个人顾客为主（决策时更侧重逻辑还是更侧重感情）
- 以新顾客（过路客）为主还是以回头客为主（参考第126页）
- 收费用户和免费用户的比例（手机应用软件的免费增

值服务等）

价值链方面：

- 形成差异化的重点环节（研发、生产、物流、销售等）

产品或服务特征：

- 生命周期的长度
- 目前处于生命周期中的哪个阶段（黎明期、成长期还是成熟期等）

财务方面：

- 以固定成本为主还是以变动费用为主

企业生态系统方面：

- 层级结构还是网络结构

> 【例题】
>
> "SI（系统集成）行业"与"建筑行业"的共同点是什么？

【解说】

这两个行业有一个重要的共同点，即企业生态系统（行业内部各企业之间的交易关系的集合）都是层级结构。在SI行业，大型公司也被称为"IT承包商"，他们直接与客户签署合同，再将具体工作一级级转包给其他企业，企业之间形成层级结构。具体工作的分工以及企业之间的"力量对比关系"等方面都存在相似的层级关系。

建筑行业从基本构思到详细设计和具体构建，"从上游到下游"的工作流程也与此极为类似。首先由一名或者少数几名建筑师确立最基本的构思，接下来各专业领域进行分工，明确各自职责，参与人数也会达到数千人，最后才能形成"建筑物"。无论是现实世界的建筑物，还是虚拟世界的"建造物"，整体流程基本上是一样的，只是从上游到下游所需的技能和成功因素各不相同。

总承包商的成功因素主要体现在项目管理方面，即召集合适的人选，保证项目按照时间规划顺利实施，并进行风险管理。这两个行业在这一点上也十分相似。

日本的通信行业和汽车行业也存在类似的层级结构。这些行业以相关企业之间心照不宣的金字塔结构为前提，由位于塔尖的运营商或整机厂商为顾客提供最终产品或服务，行业内部的各企业之间则形成阶层式力量对比关系。作为"行业常识"，通信运营商地位高于厂商，整机厂商地位高于半成品厂商，半成品厂商的地位又高于零部件厂商（这种形式基本上现在仍然存在）。

作为一个具有代表意义的案例，推出了iPhone的苹果公司率先打破了手机行业的这种力量对比关系。过去由运营商决定产品规格，并在某种程度上"照顾手机厂商"，苹果公司等外资厂商改变了这种关系，逐渐在某些方面掌握了越来越多的主导权。

不过在计算机等电子行业，这种"下游企业地位更高"的力量对比关系并不像其他行业那么明显，整机厂商地位也不一定明显高于零部件厂商。相比之下，CPU厂商或操作系统供应商等能在价值链中占据优势的玩家反而会拥有更多话语权（当然，无论哪种行业都存在这种可能）。

像这样，运用类推思维，可以预测到今后在汽车行业也可能会发生同样的变化。汽车目前正在朝着"电动"的方向发展。不仅普通汽车中电子控制零件的比例不断增多,电动汽车行业的结构也更接近电子行业。

此外,自动驾驶领域的行业结构也与云计算服务等ICT行业十分相似。

运用类推思维看待不同行业,就能根据其他行业已经出现的动向,推测出本行业将来会发生的结构变化。

【练习题】

　　随着无人机数量的增加,今后无人机之间以及无人机与人之间产生碰撞或发生坠落事故的危险也会急剧增加。针对这一课题,参考汽车和飞机领域对类似问题的解决方法,从多个角度思考将会出现哪些变化。

"按需匹配"之后

优步在全球范围内的颠覆式创新改写了出租车行业的规则,从类推思维的角度来看,这个现象具有重要意义。如果只将它看作一种"新的出租车服务",便有可能忽略了这项服务最卓越之处。

在全球"按需匹配服务"潮流中，优步只不过是冰山一角。随着以云计算为基础的信息通信技术的发展和手机应用软件的普及，"按需匹配服务"正在迅速扩展到更广泛的各个领域。这种服务主要具有以下特征：

- 可以通过手机应用软件提供实时服务
- 可以随时（无论外出还是在家，在需要的任何时候）提供服务
- 可以将服务需求者与附近的提供者匹配起来

在这个层面上进行抽象，可以发现这种服务模式中蕴藏着无限的可能。通过这种服务，无论外出时还是在家时，都能用手机应用软件在附近找到所需服务的提供者。

目前已经出现的类似服务包括：

- 购物（附近超市按照用户的购买清单将产品配送到家）
- 快递（把需要配送的物品和地址拍照上传，会有人上门取件）
- 遛狗

- 顺风车（提前登记目的地和出行日期，便能找匹配的同行者）

除了这些，保洁、按摩、理发等所有我们能想到的服务基本上都可以用按需匹配的形式提供给用户。

现在优步公司也在不断尝试各种服务，包括Uber FRESH（食物配送服务）、Uber Rider（顺风车匹配服务）、Uber boat（伊斯坦布尔水上交通工具的匹配服务）、Uber Puppy（呼叫萌犬上门服务）等，可以说这些正是类推思维带来的创意。再过几年，所有的服务都能用按需匹配的形式来提供了。

【练习题】

- 还有哪些服务可以用按需匹配的方式来提供？（可以考虑外出遇到困难，随时向"帮助者"求救的情景。外出时会遇到哪些麻烦？手机没电？汽车故障？）

- 进一步抽象化，将匹配的对象从人扩展到"物"，还有哪些领域可以应用按需匹配的方式？（目前已经出现通过手机应用软件查询附近停车场或洗手间等设施的"动态使用情况"的服务。）

"个性化预约"之后

接下来的训练是运用类推思维预测"先进领域"的趋势将如何传播到具有相同结构的"落后领域"。

过去看电影或坐飞机时，只能预约选择某一类座位，而无法像现在一样精确地预约具体座位。拿飞机票来说，以前必须通过旅行社预约，只有"公务舱或经济舱""靠窗座位或靠过道的座位"粗略的选项，而现在则可以指定"30D"等具体位置。如今，新干线特快列车、电影院、演唱会、体育馆等，预定时都可以指定座位了。

【例题】

今后还有哪些领域可以"预约时指定座位"？

【解说】

首先我们来看目前还有哪些服务是预约时无法指定具体座位或位置的。

宾馆的房间、餐厅的座位、小酒馆的单间或散座等都属于这种情况。这些服务其实也完全可以像飞机或电影院一样，预约时指定具体座位，这一点迟早会实现。现在可能有一些高级宾馆或餐厅已经能够提供类似服务，那么这种方式普及以后，普通宾馆或大众餐馆也完全可以实现预约时指定房间或座位。

从顾客需求的角度来看，能预约得更精确当然更好。而至今没有实现这一点的原因，不外乎是服务提供者这样做的管理成本太高，无法获得相应的收益。

通过信息通信技术的发展使精确预约可以轻松实现精确预约，而且同样的预约系统已经问世。这种情况下，将会有越来越多的领域可以在预约时精确指定座位。

【练习题】

"个性化预约"继续发展，还会产生哪些形式？（例如将预约"座位"进一步抽象化为预约"空间"或"负责人"？）

"细分化"之后

除了预约的方式，现在各行各业都呈现出"细分化"的趋势。例如从场所的角度进行抽象化，可以发现天气预报的区域正变得越来越细。此外，电商网站为不同顾客提供个性化推荐，也可以看作是对需求的细分化。

进一步从"时间"的角度来看，可以发现随着计算机及手机应用软件的发展，人们工作或作业的时间单位也出现了细分化。在台式计算机时代，在计算机前从事工作，至少需要以小时为单位。随着便携性更高的笔记本电脑的普及，以及人们对"碎片时间"的有效利用，工作时间缩短到以三十分钟为单位。再后来，由于智能手机可以随时连接网络，启动等待时间几乎为零，每项工作的时间单位便缩短到几分钟以内。

智能手机应用软件印象笔记公司的创始人菲尔·利宾把这种潮流称作"快餐化（Snackification）"。他进一步预测，随着可穿戴式计算机的发展，在不远的将来，人们的工作时间将会缩短到以秒为单位。

"快餐化"还有另一个方面的特点，正如"三次正餐"与点心零食的差异，每次所需时间越短，其频度便会越多。台式计算机时代，每天大概只有几次集中工作，而利宾预测在便携设备时代，人们每天工作的次数将会达到"几百次"。这种变化恐怕是不可避免的了。

这一趋势的背后是信息通讯技术的不断发展。过去常有人提倡一对一的营销理念，信息通信技术的发展使得所有领域都具备了针对每位顾客提供个性化服务的可能。随着客户群体的进一步细分,可以想象,将来将会实现真正的一对一营销。

【练习题】

- 还有哪些方面正在"细分化"?(可以从费用、内容等角度考虑细分化)
- 今后还有哪些方面会进一步"细分化"?(再从场所或时间的角度出发,考虑细分化可以带来哪些优势。目前一般以"一小时"为单位划分的内容,如果进一步缩短会怎样?例如体育运动或学校的课堂等能否应用?)

根据"实时价格"进行类推

2014年美国CNN评选的"世界十大梦幻旅游胜地"中,枥木县的"足利花卉公园"是唯一当选的日本旅游地。这个公园有一个特别之处,就是门票价格采用"时价",每天早晨根据当天可以欣赏到的鲜花景致决定票价是多少。

因此,在足利花卉公园主页上,门票价格只有一个范围,例如"〇月〇日—〇月〇日,门票价格为300日元~1200日元",具体是多少钱要到观赏当天才能知道。

这种独特的价格体系可以为其他领域提供参考。

> 【例题】
> - 对足利花卉公园的案例进行抽象化，能总结出哪些特点？
> - 还有哪些其他领域可以应用这些特点？

【解说】

足利花卉公园主要有三个特点：

第一点不用说，就是不同的游览日期门票价格不同。第二点是价格每天都会变。最后的第三点是门票价格取决于公园能为顾客提供多少价值。

接下来的问题是如何应用这些特点。前两个"灵活定价"的特点或许可以用于所有价格相对固定的产品或服务。实际上，宾馆和航空公司就是每天、每个房间以及每个航班收费都不同。

除此之外，最重要的是第三点。

从客户的视点出发，"根据能为顾客提供的价值不同来改变价格"。这与宾馆或机票的定价方式有很大不同。宾馆或机票的定价方式是高峰时期较高，淡季价格较低，也就是更多地从服务提供者的角度来考虑，其目的是"尽可能保持较高利用率"。而房间或机票的价值在不同时期并不会有太大变化。

足利花卉公园最大的特点是，在价值方面完全忠实于顾客的视点。因此我们运用类推思维时也要关注这一点。

针对前面列出的"可以灵活定价"的产品或服务，寻找可以从顾客的视点定价的情况，一定能获得新的启发。

从更高的层次进行抽象，还可以设定浮动的费率取代固定价格。例如在公司里，可以依据加班的工作价值设定不同的费率来决定加班费多少（当然要确保不违反各项法律规定）。

前文讨论的"自助餐化"是将一般情况下的不同价格统一起来，而这里介绍的则是相反的模式，即将原本统一的价格改为浮动价格。将这种模式加以推广，便可以产生一些新的创意，例如根据交通情况或顾客需求实行浮动的出租车收费制度（优步公司可以通过加价实时改变价格）。如果能进一步依据顾客价值的不同实行浮动价格，就有可能产生新的创意。

> 【练习题】
>
> 　　还有哪些产品或服务可以进一步实行"实时价格"？目前宾馆和机票已经实现了实时价格，接下来还有哪些领域可以应用这种模式？（熟食或半成品配菜等在傍晚实行"限时抢购"，可以说是实时定价的"始祖"，今后是否还能进一步细分？）

根据"跳跃式发展"进行类推

　　最近几年，手机产业在新兴国家获得了迅猛发展。与发达国家手机替代固定电话的模式不同，新兴国家一般是直接普及了手机。

　　此外，例如在交通基础设施方面，汽车问世之前就拥有完善的街道和交通网络的"古都"或市中心区域，道路往往比较狭窄拥堵，不适合大量汽车行驶。这种情况在日本十分常见。而美国由于历史较短，设计街道时优先考虑到汽车的需要，相比之下会感觉"不便于步行"。

　　类似现象随处可见，在"站前商业街"很难建设大型的商业设施，所以大型商店越来越集中到郊外。"一个时代的繁荣"常常并不符合下一代的生活方式,时代的主角也会不断更替。

在技术或基础设施方面,跳过一个时代直接跃入全新时代的现象被称为"跳跃式发展"。我们运用类推思维来思考这一现象。

> 【例题】
>
> 思考还有哪些"跳跃式发展"的例子?(考虑"上一代技术对新技术发展的阻碍",会发现有很多产品或服务符合这种情况。)

【解说】

ATM的普及过程中也出现过同样现象。东南亚新兴国家的ATM网络覆盖程度要高于日本。这是因为日本早就建立起完善的银行网点并配有相应的ATM,所以在便利店设置ATM的进程就滞后一些。而新兴国家直接在便利店或车站等场所构建ATM网络,普及速度就更快。

此外,由于一直使用贡多拉船作为交通工具,威尼斯完全不适合汽车驾驶。像这样,前一个时代的基础设施有时反而会成为"负担",妨碍新的发展,而在"交通不便"的地区，无人机物流等业务则反而可能得到更快的发展。

进一步来看，在"认知"方面也存在类似现象。

已经习惯了电脑键盘输入的人可能不太适应智能手机或平板电脑的输入方式，而"生来就会用手机"的年轻一代则得心应手。还有成年人学习外语，常要用片假名注上读音才能记住，而孩子们直接"听会"外语则不需要这一步。

此外，插座的配备情况也能很好地体现跳跃式发展"向上兼容"的特点。中国或泰国等新兴国家的宾馆大多配有能用于各国电器规格的插座，反倒是欧洲发达国家或日本的宾馆，绝大部分插座还必须使用转换器才能用。

【练习题】

在人们的认知方面，是否也存在上一代的"资产"反而成了"负担"的现象？试着找出身边的事例。（过去的成功有时反而会阻碍新的尝试，从而导致失败，这也属于同样道理。）

根据"实时运转率"进行类推

JR公司进行预测山手线地铁拥挤程度的实验时，除了考虑不同时间、不同车站，还要细化到不同车厢。这样做不仅有助于提高乘客的方便程度，还可以提高或均衡现有设备的运转率，符合将不必要的能源消耗限定在最低水平的环保理念以及各个领域的"共享"概念。

虽然JR公司的实验是根据过去数据进行预测，而不是采用实时数据，不过物联网的不断发展和传感器的广泛应用将会帮助人们在日常生活的各种场景下，在细微层面掌握实时的运转率信息。

【例题】

思考还有哪些服务可以通过"掌握实时运转率"提高效率？（同时思考这样可以解决哪些实际问题，或者目前还存在哪些问题。）

【解说】

通过掌握实时运转率，可以发现运转率的"波动"。也就是说，可以找到繁忙时段与空闲时段的差距。如果能将一部分顾客分流到空闲时段，便可以使繁忙时段得到均衡，从而解决问题。

日本在盂兰盆节及新年时预测高速公路的拥堵状况，也是为了解决类似问题。过去都是提前几天预测，因此实际也可能出现与预测截然相反的情况（虽然预测时也会考虑这些因素），很多时候并不完全符合预测。

随着物联网的深入发展，今后有可能实现实时掌握路况。正如前文介绍的，这种方法适合"繁忙期"和"空闲期"差距较大的情况。因此可以思考身边有哪些服务"忙的时候排长队，闲的时候冷冷清清"。

例如写字楼附近的午餐排队等候时间，不同店铺之间有不同差别，不同时间段之间也会有差别。

女卫生间门口排队等候时也常会遇到这个问题。百货公司或活动会场一般都有多个洗手间，但如果不知道其他洗手间的位置，或者不知道哪个洗手间人比较少，人们只好排长队等候。这个问题也可以通过类似方法得到解决。

对普通消费者来说，实时掌握不同店铺、不同产品的库存信息，这一点可能很快就可以实现。人们再也不必为了寻找"最后一件"在各家店铺之间跑来跑去了（有人以此为乐，所以也可能并非所有人都会欢迎这种变化）。

从这些例子可以发现，类推思维的创意常常源自日常生活中的困难和不满。当我们感到不满时，可以发挥类推思维的作用，从看似没有任何关系的事物中获得创意的灵感。前文介绍的 Netflix 的事例也证明了这一点。

根据"评分和推荐"进行类推

如今,消费者给餐馆评分和电商网站为顾客提供推荐商品的服务已经十分普遍,不过其他领域还有很大的空间可以应用这两种方式。

首先来看评分。

【例题】

- 除了目前可以评分的餐厅、旅馆及图书等,还有哪些产品或服务可以评分?(这个问题更接近于"模仿思维",下一个问题才是真正的类推思维。)
- 除了"用户给产品或服务评分",还有哪些领域可以采用评分机制?

【解说】

几乎所有有形产品或商家都可以成为评分的对象。因此接下来的新趋势就是将服务细化到个人层面,落实到具体的工作人员。

优步公司在某些国家对出租车行业带来了毁灭性打击,

该公司对司机的评分就已经细化到个人层面，评分达不到一定标准的司机无法继续从事这项工作。

对通过"按需匹配"接受陌生人服务的优步来说，个人层面的评分尤为重要。

对于医生、律师、会计师等个人特色突出的职业，目前实际上也正在构建针对个人的评分机制。今后还将出现针对销售人员的个人评分体系等。在中国的出入境审查窗口，顾客可以当场对工作人员的服务态度进行四个等级的评分。

应用类推思维进行扩展，依照对"服务提供者"的评分，组织内部的评价体系也可以考虑邀请不特定的多名员工进行评分。

再进一步扩展，除了顾客给服务提供者评分，服务提供者也可以反过来给顾客评分。

这样可以通过反向的差评淘汰"恶意顾客"，从而打破顾客单方面占据绝对优势的评价与被评价关系。

再进一步考虑，还可以扩展到或许可以建立某种机制，对偶然相遇的陌生人评分，以便我们对给予自己帮助的人做出"好评"。

其实2015年问世的应用软件"Peeple"就可以对普通人评分，并引发了争议。虽然还存在很多问题有待解决，但时代潮流已经注定要朝着这个方向发展了。

如何培养元思维

经过前面的这些训练，您感觉如何？

是否已经"提高到元层面"，看到了不同于以往的景色呢？

那么接下来还有一个问题，就是我们回到繁忙的日常生活以后，不知不觉又会降低自己的视点，视野再次变得十分狭窄，而我们对此却毫无察觉。在日常生活或工作中摆脱这种状态，进入本书的训练模式，这是大家接下来要面对的挑战。我为此总结了三个方法。

①不断追问自己

元思维就要具有"另一个自己的视点"，因此需要时常追问自己。想批评别人，或者想否定别人时，先问一问自己："我真的是对的吗"，这一点十分重要。元思维能力强的人都擅长"自虐"。这也是"另一个自己的视点"带来的结果。

"全身心投入时"或"感情用事时"，都是需要格外注意。例如与"讲话"相比，倾听的状态更有助于我们进行元思维。

想"追问"别人，首先需要冷静地观察，仔细地倾听。

"热情洋溢"与"自以为是"之间，只有极为细微的差别。运用"对折法则"思考，可以发现这两种状态下都很难进行元思维。任何优点都有可能变成缺点，反之亦然。请大家随时意识各种思维或行动的模式，冷静地审视自己。

②做个性格刁钻的人

"质疑"是Why型思维的原点，也就是"不轻易相信对方的话"。一般来讲，"性格善良""淳朴率真"的人往往不容易做到这一点。

而拥有Why型思维的人基本上不会迎合别人，也不太喜欢跟风附和别人，所以自然是"性格刁钻"的人居多。而且在日常谈话中，总是追问"为什么"会招人讨厌，几乎总是不受欢迎（特别是在日本）。

因此，在元层面思考需要做好"心理准备"。

反过来也可以说，如果有人觉得自己性格刁钻，或者在工作当中常常"离群索居"，这一点恰恰可以成为好机会。而属于"上司或者客户喜欢的类型"的人则可能需要有一些危机感了。

③寻找共同点

寻找（看似不同的事物在元层面的）共同点是类推思维的基础。人们往往在潜意识中倾向于认为自己（的工作和行业）是特殊的，所以元思维的第一步就是要摆脱"自己是特殊的"这种病。我们觉得只有自己与众不同时，就正处于较低的视点。从万米高空向下俯瞰，无论是自己还是别人，其实都看不出任何区别了。

不过，过度普遍化又可能导致创意过于平庸。因此也要避免简单的普遍化，不能认为"既然在那里适用，那么这里也适用"。真正要寻找的共同点，看似无关却有共通之处，而且是其他事物所不具备的。必须在这种微妙的最佳抽象程度上选择，我们可以通过不断摸索逐渐掌握其核心要领。

这个过程与宴会上在初次见面的人与自己之间寻找共同点有些相似。我们初次见到一个人，自然而然地希望在谈话中寻找与他的共同点。最合适的共同点是"在场的其他人都不符合，只属于两个当事人"的特点。

例如有人说"我每天早上都喝水"，对方可能不太会惊呼"太巧了！我也是每天早上都喝水"。但如果喝的不是水，而是"米醋"呢？对话的气氛可能立即就此活跃起来。

后记

就在我撰写这本书期间，人工智能程序"阿尔法狗（AlphaGo）"以四胜一负的战绩打败了韩国顶尖棋士李世石九段。与之前国际象棋棋王败给计算机相比，此次对决引发了更大反响。

国际象棋的人机大战比拼的是"棋手的逻辑思维能力（和记忆力）"和"计算机工程师的逻辑思维能力"，也就是说相当于人与人的比拼。但此次对决从逻辑方面来看，阿尔法狗却接连下出"设计师（和围棋界人士）也无法解释"的棋。

人类历史上的这件大事，在元思维方面也能引发我们深入思考。首先这意味着在"既定规则或问题"的对战中，人工智能超越人类已经只是时间的问题。也就是说，将来人类还能取胜的领域，就只有"元层面"的对战了。

人类创造的所有游戏当中，围棋被视为难度最高的项目之一，所以这件事可以说意味着人工智能与人类在所有桌游比赛中都分出了胜负。不过，从"创造（对人类来说有趣的）游戏"方面来看，人类仍然处于优势地位。

元思维意味着拥有"从更高的视点思考问题"的全局观。可能从每一局对战来看，人工智能已经具备了这个能力，不过从元视点思考的结果还包括"在通观五局的基础上对战"。

如果阿尔法狗的第四局失利是出于"这里输上一局比较合适"的考虑（从人的视点来看，在第四局输上一局可以说是"最佳"策略。因为自己的实力已经完全展示出来了，适当输上一局可以给对方留些颜面），这正是从元视点出发做出的决策（人类之间进行对决时应该会考虑到这一点）。

而且如果这是它考虑到"人类与人工智能的历史以及今后关系"而采取的策略……是不是感觉有些害怕了？

或许现阶段我们还可以开开类似的玩笑，不过人工智能将来也并不是完全不可能考虑得如此周到。

最近人们常讨论"会被人工智能取代的职业"，依我的粗浅预测，从理论上来说将来任何职业都有可能被取代。

现在的人工智能已经可以写小说和作曲了（当然质量方

面还不能跟人类匹敌）。机器人甚至可以使敬老院的老人对它产生感情，为它流下眼泪（究竟有多少人的工作能达到机器人的这个程度呢）。曾经有人认为人工智能无法从事"创造性工作"和"情感性工作"，然而实际上对于人工智能来说，这两方面的工作可能并不像人类想象得那么难。

回答"什么职业绝对不会被人工智能取代"这个问题，可以运用"元思维"来寻找答案。首先考虑哪些工作（像第一章的例题一样）是人工智能根本不可能做到的，例如"用人类的温暖关怀去安慰被人工智能夺去工作的人"等（如果人工智能在这一点可以"做到像真的一样"，那么就干脆可以说人工智能和人一样了）。

此外还有一个问题，"具备什么能力才能确保绝对不会失去工作"，对此也可以运用元思维找到答案。这个能力既不是"创造力"，也不是"领导力"，更不是"沟通能力"（这些能力都无法保证不被人工智能取代）。

能够确保绝对不会失去工作的，是"自己创造工作"的能力（从定义来看，拥有这个能力就绝对不会失去工作）。

我们还来得及从现在开始培养这种能力，因为这种认知绝大部分就是本书论述的"元思维"。

公司的普通员工想为自己创造（具有一定附加价值的）

工作，必须拥有追问"为什么"并发现问题的能力；而独立创业或者想开发新业务的人，则需运用类推思维来形成独特的创意。

即使在不远的将来，人类真的不再需要从事任何工作，"思考上层目的，从而找到更好方法"的能力也不会失去市场（至少拥有这种能力不会造成任何损失），因此不论未来是什么样的时代，元思维都具有永恒的价值。

而且说不定最后元思维还有一个用处，就是"以创造工作为乐"，为了打发时间，自己给自己创造工作来做呢。

细谷 功

出版后记

在阿尔法狗打败了韩国顶尖旗手李世石九段之后，可能有很多人开始认真思索：什么职业不会被人工智能取代？具备什么能力才能确保不会失去工作？或者也有很多人开始希望努力提升自己的能力来应对未来可能到来的危机。

放眼经管类图书市场，可以看到有很多书提倡"逻辑思维"或者"用数据说话"。这些方法有助于我们的意见容易被人接受或理解，或者确保我们的观点具有一贯的连续性和逻辑性。然而反过来说，这样做也意味着不太容易产生"跳跃性的创意"。反映在实际工作或商业竞争中，就是我们会逐渐丧失与其他产品或观点之间的差异性。

一旦我们过度投入到某种方便实用的技能当中，往往就不会再去尝试反思和超越它。很多商务人士熟练地掌握了一套特定的做事方式，甚至熟练到已经忘记了更重要的目标：产生更有意义和更有吸引力的产品或创意。

相比之下，本书介绍的高维度思考法则更利于摆脱思维定式的束缚，产生别具一格的崭新创意。通过不断追问"为什么"，我们可以从解决问题上升到发现问题，从而洞察到问题的本质；通过向其他领域借鉴的"类推思维"，我们可以从出乎意料的地方获得灵感，从而实现创意的跃迁。

过去人们往往认为人工智能无法从事创造性工作和情感性工作，然而现在情况已经发生了变化。本书为回答前面的两个问题提供了重要线索。在工作中，尝试一些自己并不熟悉的方法，也许会获得出人意料的发现，推动事业进一步发展。

服务热线：133-6631-2326   188-1142-1266
读者信箱：reader@hinabook.com

后浪出版公司
2018年10月

图书在版编目（CIP）数据

高维度思考法.职场问题解决篇/(日)细谷功著；孙伟译.－－南昌：江西人民出版社，2019.4（2019.5重印）
ISBN 978-7-210-10870-2

Ⅰ.①高… Ⅱ.①细… ②孙… Ⅲ.①思维方法—通俗读物 Ⅳ.①B80-49

中国版本图书馆CIP数据核字(2018)第240362号

META-SHIKO TRAINING
Copyright © 2016 by Isao HOSOYA
First published in Japan in 2016 by PHP Institute, Inc.
Simplified Chinese translation rights arranged with PHP Institute, Inc.
through Bardon-Chinese Media Agency

本书中文简体版权归属于银杏树下（北京）图书有限责任公司。

版权登记号：14-2018-0292

高维度思考法：职场问题解决篇

作者：[日]细谷 功　译者：孙 伟
责任编辑：冯雪松　韦祖建　　特约编辑：郎旭冉　　筹划出版：银杏树下
出版统筹：蔡军剑　　营销推广：ONEBOOK　　装帧制造：墨白空间
出版发行：江西人民出版社　　印刷：北京天宇万达印刷有限公司
889毫米×1194毫米　1/32　5.5印张　字数131千字
2019年4月第1版　2019年5月第2次印刷
ISBN 978-7-210-10870-2
定价：38.00元
赣版权登字—01—2018—832

后浪出版咨询(北京)有限责任公司　常年法律顾问：北京大成律师事务所
周天晖 copyright@hinabook.com
未经许可，不得以任何方式复制或抄袭本书部分或全部内容
版权所有，侵权必究
如有质量问题，请寄回印厂调换。联系电话：010-64010019